电机与电气控制技术应用

刘芬 著

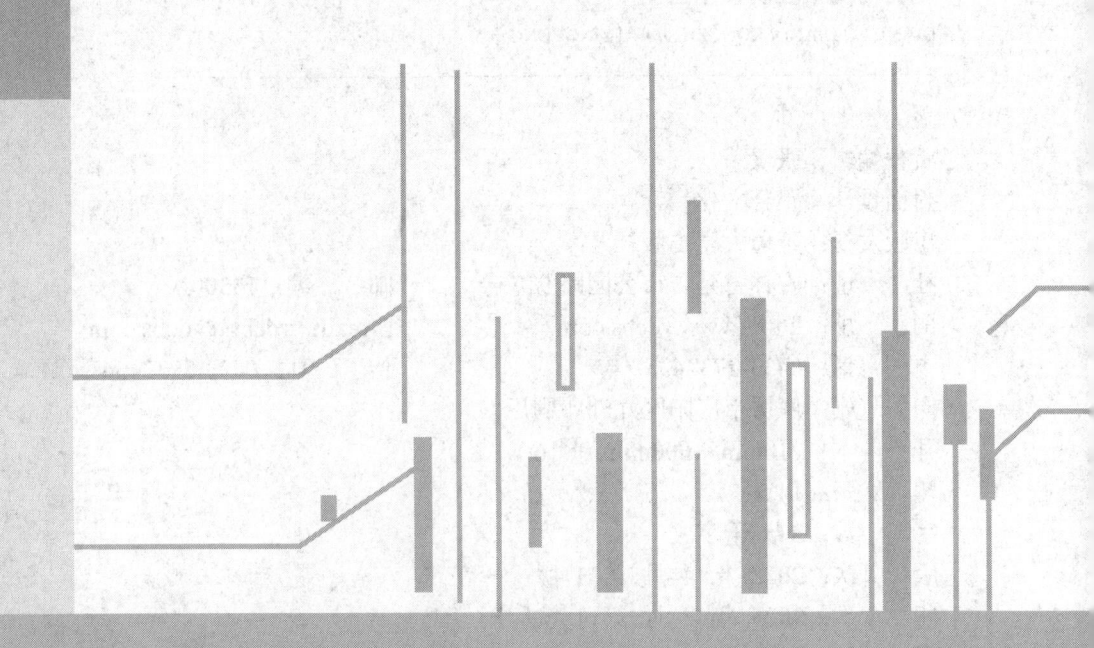

延边大学出版社

图书在版编目（CIP）数据

电机与电气控制技术应用 / 刘芬著. -- 延吉：延边大学出版社，2025.4. -- ISBN 978-7-230-08120-7

Ⅰ．TM3；TM921.5

中国国家版本馆 CIP 数据核字第 2025UT6530 号

电机与电气控制技术应用
DIANJI YU DIANQI KONGZHI JISHU YINGYONG

著　　者：刘　芬	
责任编辑：张璨荣	
封面设计：正合文化	
出版发行：延边大学出版社	
社　　址：吉林省延吉市公园路 977 号	邮　　编：133002
网　　址：http://www.ydcbs.com	E-mail：ydcbs@ydcbs.com
电　　话：0433-2732435	传　　真：0433-2732434
印　　刷：廊坊市广阳区九洲印刷厂	
开　　本：710mm×1000mm　1/16	
印　　张：14.5	
字　　数：235 千字	
版　　次：2025 年 4 月 第 1 版	
印　　次：2025 年 4 月 第 1 次印刷	
书　　号：ISBN 978-7-230-08120-7	

定价：78.00 元

前　言

在当今这个科技日新月异的时代，电机与电气控制技术作为现代工业与自动化的核心驱动力，正以前所未有的速度推动着社会生产力进步。从家庭日常使用的家电设备，到大型工业生产线上的精密机械，乃至国家基础设施建设中的关键系统，电机与电气控制技术无不发挥着举足轻重的作用。

电机是电能与机械能转换的关键设备，其性能与效率直接关系到整个系统的运行质量与能耗水平。随着材料科学、电磁学及电子技术的不断发展，电机的种类与性能也在不断更新。从传统的直流电机、交流电机，到现在的永磁同步电机、直线电机等，每一种电机都有其独特的应用场景与优势。而电气控制技术，则是实现电机高效、精确、可靠运行的关键所在。通过先进的控制算法与电路设计，电气控制系统能够实现对电机的精准调速、定位控制及故障保护等功能，从而极大地提高整个电机的自动化水平与运行效率。

本书旨在全面系统地介绍电机与电气控制技术的基本原理、应用领域，内容涵盖电机的结构、工作原理、工作特性，以及电气控制系统的应用等多个方面。通过深入浅出的理论分析与丰富的实践案例，本书力求使读者理解并掌握电机与电气控制技术的核心知识，为未来的学习与工作打下坚实的基础。

笔者在撰写本书的过程中参考并引用了一些专家学者的研究成果和相关资料，在此对他们表示衷心的感谢。若书中有不足之处，恳请广大读者、专家批评指正。

刘芬
2025 年 2 月

目 录

第一章 变压器 ·· 1
第一节 变压器概述 ··· 1
第二节 变压器的运行及等效电路 ··· 12
第三节 变压器参数测试 ·· 21

第二章 直流电机 ·· 28
第一节 直流电机概述 ·· 28
第二节 直流电机的电枢绕组、磁场、电枢反应及分类 ··············· 38
第三节 直流电机的换向 ·· 55
第四节 他励直流电动机稳态运行的基本方程及特性 ·················· 59
第五节 他励直流电动机的控制 ··· 65

第三章 三相电机 ·· 80
第一节 三相异步电动机概述 ·· 80
第二节 三相异步电动机的运行 ··· 94
第三节 三相异步电动机的功率和转矩 ·· 100
第四节 三相异步电动机的特性 ·· 107
第五节 三相异步电动机的控制 ·· 111
第六节 三相同步电机 ··· 124

第四章 特种电机 137

第一节 步进电动机 137

第二节 伺服电动机 141

第三节 直线电动机 147

第四节 测速发电机 152

第五章 常用生产机械的电气控制 156

第一节 电气控制电路分析基础 156

第二节 CA6140型普通车床电气控制 158

第三节 Z3040型摇臂钻床电气控制 163

第四节 M7130型平面磨床电气控制 172

第五节 X62W型卧式万能铣床电气控制 179

第六节 桥式起重机电气控制 189

第六章 某品牌S7-200系列PLC在一般控制系统中的应用举例 199

第一节 三路抢答器PLC控制系统的应用 199

第二节 水塔水位自动控制系统的应用 207

第三节 十字路口交通灯PLC控制系统的应用 212

第四节 全自动洗衣机PLC控制系统的应用 217

参考文献 224

第一章 变压器

第一节 变压器概述

一、变压器的基本结构

变压器是一种常用的电气设备,它利用电磁感应原理,将某一电压等级的交流电变换为同频率的另一电压等级的交流电。

变压器有不同的分类方法:按照用途,可以分为电力变压器、仪用互感器等;按照变换电能的相数,可以分为单相变压器、三相变压器和多相变压器。尽管变压器的类型很多,但是它们的结构是基本相同的。

例如,单相变压器是指接在单相交流电源上,用来改变单相交流电压的变压器,通常容量都很小,主要用于局部照明和控制。一般来说,在电工测量和电子线路中,多使用单相变压器。

变压器主要由铁芯和绕在铁芯上的线圈两部分组成,如图1-1所示。

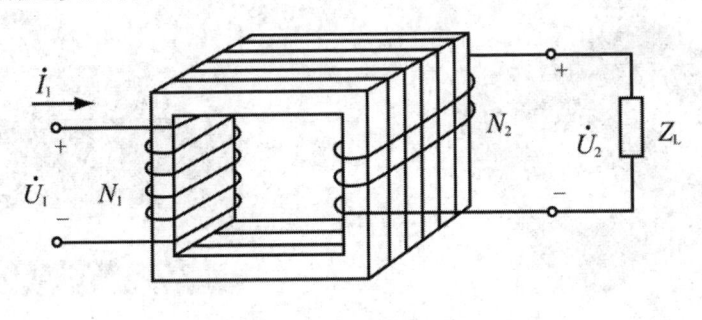

图1-1 变压器的结构

1. 铁芯

常用的变压器铁芯一般都是用硅钢片制成的。硅钢是一种含硅的钢,其含硅量在 0.8%~4.8%。之所以用硅钢做变压器的铁芯,是因为硅钢本身是一种导磁能力很强的磁性物质,在通电线圈中,它可以产生较大的磁感应强度,从而减小变压器的体积。

变压器总是在交流状态下工作,功率损耗不仅发生在线圈的电阻上,也发生在交变电流磁化下的铁芯中。通常把铁芯中的功率损耗称为"铁损耗",铁损耗由两个原因造成,一个是"磁滞损耗",另一个是"涡流损耗"。磁滞损耗是指铁芯在磁化过程中,由于存在磁滞现象而产生的损耗,这种损耗的大小与材料的磁滞回线所包围的面积大小成正比。硅钢的磁滞回线狭小,用它做变压器的铁芯磁滞损耗较小,可使其发热程度大大降低。用作变压器的铁芯,一般选用 0.35 mm 厚的冷轧硅钢片,硅钢片的表面都涂有绝缘漆,形成绝缘层。

制作铁芯要按所需尺寸,将硅钢片裁成长形片,然后交叠成"日"字形或"口"字形,如图 1-2 所示。一般来说,为减小涡流,硅钢片厚度越薄,拼接的片条越狭窄,效果越好。但实际上人们在制作硅钢片铁芯时,并不单从上述的一方面出发,因为那样制作铁芯,会大大增加工时,还会减小铁芯的有效截面。当用硅钢片做变压器铁芯时,要从具体情况出发,权衡利弊,选择最佳尺寸。

图 1-2 "日"字形铁芯和"口"字形铁芯

2. 线圈

线圈是指有两个或两个以上的绕组，其中与电源连接的绕组称为原绕组，又称为初级绕组或一次绕组。凡表示原绕组各有关电量的字母均采用下标"1"来表示，如原绕组电压 U_1、原绕组匝数 N_1 等。与负载连接的绕组称为副绕组，又称为次级绕组或二次绕组。凡表示副绕组各有关电量的字母均采用下标"2"来表示，如副绕组电压 U_2、副绕组匝数 N_2 等。线圈组成变压器的电路部分。

变压器按铁芯和绕组的组合方式，可分为壳式和心式两种，分别如图 1-3、图 1-4 所示。壳式变压器的绕组被铁芯所包围，而心式变压器的绕组则包围铁芯。壳式变压器用铁量比较多，不需要专门的变压器外壳，常用于小容量的变压器，如各种电子设备和仪器中的变压器多采用壳式结构；心式变压器用铁量比较少，多用于大容量的变压器，如电力变压器多采用心式结构。

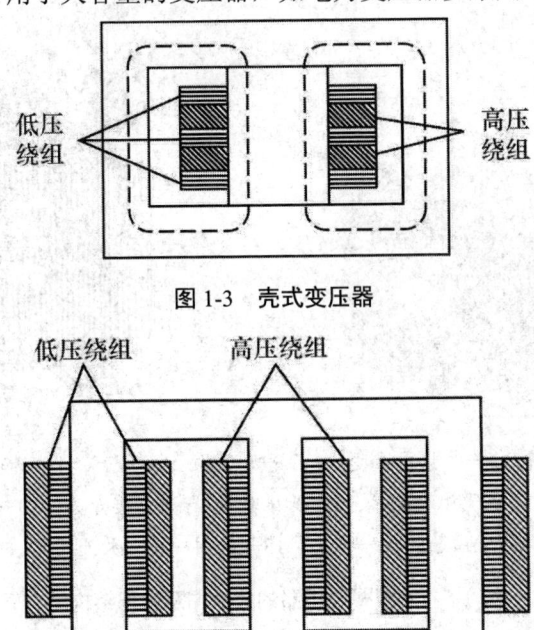

图 1-3　壳式变压器

图 1-4　心式变压器

3.辅助器件

铁芯和线圈是变压器必不可少的组成部分。不同的变压器,其辅助元件也不尽相同,如小型变压器的线架、电气胶带、绝缘纸和套管等。这里主要讨论为改善变压器的散热性能而采用的辅助器件。

变压器在工作时,因有损耗而发热,使绕组及铁芯温度升高,这种损耗称为"铜损耗"。为减少铜损耗,大中型变压器制成油浸式,铁芯和绕组都浸在变压器油中,依靠油的对流,将热量传到油箱壁及油管上,散到空气中去。油浸式变压器的外形图及内部结构如图 1-5 所示。大容量变压器外面装有风扇,进行强迫风冷。变压器油箱是封闭的,防止水分和湿气侵入。由于变压器油的热胀冷缩,还需要配有储油枕,用油管与油箱连通,储油枕内的空气与外面空气之间要经氯化钙装置吸潮。

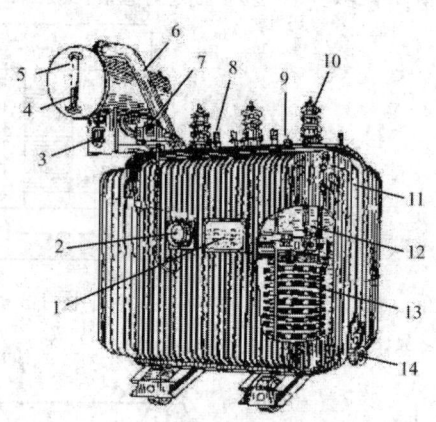

1—铭牌;2—信号式温度计;3—吸湿器;4—油表;5—储油枕;
6—安全气道;7—气体继电器;8—低压套管;9—分接开关;10—高压套管;
11—油箱;12—铁芯;13—线圈;14—放油阀。

图 1-5 油浸式变压器的外形图及内部结构图

小容量变压器主要靠周围空气散热,一般做成干式或空气自冷式变压器。

二、变压器的工作原理及铭牌数据

1. 变压器的工作原理

变压器是利用电磁感应原理传输电能或电信号的器件,它具有变压、变流和变阻抗的作用。变压器的种类很多,应用十分广泛。例如:电力系统用电力变压器把发电机发出的电压升高后进行远距离输电,到达目的地后再用变压器把电压降低以便用户使用,以此减少传输过程中电能的损耗;电子设备和仪器常用小功率电源变压器改变市电电压,再通过整流和滤波,得到电路所需的直流电压;放大电路用耦合变压器传递信号或进行阻抗的匹配等。变压器虽然大小悬殊、用途各异,但其工作原理是相同的。

2. 变压器的铭牌数据

每台变压器都有一个铭牌,上面标注着产品型号、额定值及其他数据,便于用户了解变压器的运行性能。某电力变压器的铭牌如图 1-6 所示。

电力变压器			
产品型号	SL7—315/10	产品编号	
额定容量	315 kV·A	使用条件	户外式
额定电压	10 000/400 V	冷却条件	ONAN
额定电流	18.2/454.7 A	短路电压	4%
额定频率	50 Hz	器身吊重	765 kg
相　　数	三相	油　　重	380 kg
连接组别	Yyno	总　　重	1 525 kg
制造厂		生产日期	

图 1-6 某电力变压器的铭牌

(1) 额定容量(S_N)指变压器额定工作条件下输出能力的保证值,是额定视在功率,单位为伏安(V·A)、千伏安(kV·A)或兆伏安(MV·A)。

(2) 额定电压(U_N)指变压器长时间运行所能承受的工作电压,单位为 V 或 kV。

(3) 额定电流(I_N)指变压器在额定容量下,允许长期通过的电流,单位为 A。

(4) 额定频率(f_N)指工业用电频率,我国规定为 50 Hz。

小型电源及控制变压器一般只标出输入电压、输出电压和频率等参数。

注意：

变压器的额定容量、额定电压、额定电流之间的关系如下：

对于单相变压器，有

$$S_N = U_{1N}I_{1N} = U_{2N}I_{2N} \tag{1-1}$$

对于三相变压器，有

$$S_N = \sqrt{3}U_{1N}I_{1N} = \sqrt{3}U_{2N}I_{2N} \tag{1-2}$$

三、变压器的基本特性

1. 电压变换

当原绕组外加电压 $\dot{U}_1$ 时，原边就有电流 $\dot{I}_1$ 流过，并在铁芯中产生与 $\dot{U}_1$ 同频率的交变主磁通 $\dot{\Phi}_m$，主磁通 $\dot{\Phi}_m$ 既穿过原绕组，也穿过副绕组，于是在原绕组、副绕组中分别感应出电动势 $\dot{E}_1$ 和 $\dot{E}_2$，向负载输出电能。而且感应电动势 $\dot{E}_1$ 和 $\dot{E}_2$ 与 $\dot{\Phi}_m$ 的参考方向之间符合右手螺旋定则，由法拉第电磁感应定律可得感应电动势的瞬时值为

$$e_1 = -N_1 \frac{d\Phi_m}{dt} \tag{1-3}$$

$$e_2 = -N_2 \frac{d\Phi_m}{dt} \tag{1-4}$$

感应电动势的有效值为

$$\begin{aligned} E_1 &\approx 4.44fN_1\Phi_m \\ E_2 &\approx 4.44fN_2\Phi_m \end{aligned} \tag{1-5}$$

所以，

$$\frac{E_1}{E_2} = \frac{N_1}{N_2} = K \quad （\text{式中 } K \text{ 为变比}） \tag{1-6}$$

若忽略绕组内阻和漏磁通，则原绕组、副绕组端电压大小近似为

$$\left.\begin{array}{l}U_1 \approx E_1 \\ U_2 \approx E_2\end{array}\right\} \tag{1-7}$$

$$\frac{U_1}{U_2} \approx \frac{E_1}{E_2} = \frac{N_1}{N_2} = K \tag{1-8}$$

可见，变压器原绕组、副绕组上电压的比值近似等于两者的匝数之比，K 称为变压器的变比。如果改变变压器原绕组、副绕组的匝数，就能够把某一数值的交流电压变为同频率的另一数值的交流电压，即

$$U_2 = \frac{N_2}{N_1}U_1 = \frac{1}{K}U_1 \tag{1-9}$$

当原绕组的匝数 N_1 比副绕组的匝数 N_2 多时，$K>1$，这种变压器称为降压变压器；反之，当 N_1 的匝数少于 N_2 的匝数时，$K<1$，这种变压器称为升压变压器；当 $K=1$ 时，这种变压器称为隔离变压器。

【例 1-1】 已知某变压器铁芯的截面积为 20 cm²，铁芯中磁感应强度的最大值不能超过 0.2 T，若要用它把 220 V 工频交流电变换为 20 V 的同频率交流电，则原绕组、副绕组的匝数应为多少？

解：

铁芯中磁通的最大值

$$\Phi_m = B_m S = 0.2 \times 20 \times 10^{-4} = 0.0004 \text{ Wb}$$

原绕组的匝数应为

$$N_1 = \frac{U_1}{4.44 f \Phi_m} = \frac{220}{4.44 \times 50 \times 0.0004} \approx 2477$$

副绕组的匝数应为

$$N_2 = \frac{U_2}{4.44 f \Phi_m} = \frac{20}{4.44 \times 50 \times 0.0004} \approx 225$$

2. 电流变换

变压器的负载运行如图 1-7 所示。变压器的原绕组接交流电压 $\dot{U}_1$，副绕组接上负载 Z_L，这种运行状态称为负载运行。这时副边的电流为 I_2，原边电

流由 I_{10} 增大为 I_1，且 U_2 略有下降，这是因为有了负载后，I_1、I_2 会增大，原绕组、副绕组本身的内部压降也会比空载时增大，使副绕组电压 U_2 比 E_2 低一些。因为变压器内部压降一般小于额定电压的 10%，所以变压器有无负载对电压比的影响不大，可以认为当负载运行时，变压器原绕组、副绕组的电压比仍然基本上等于原绕组、副绕组的匝数之比。

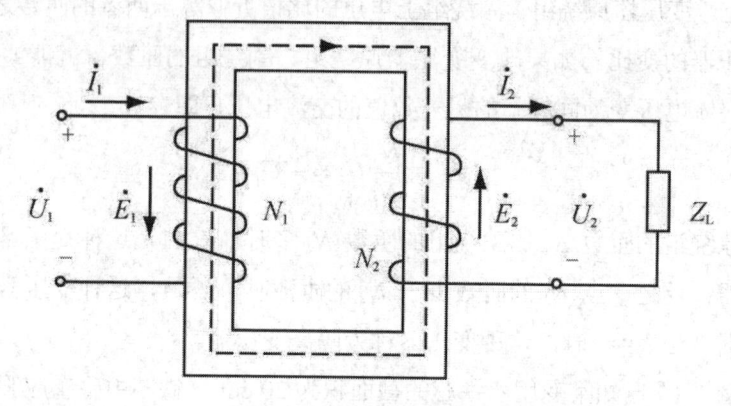

图 1-7 变压器的负载运行

当变压器负载运行时，由 $\dot{I}_2$ 形成的磁动势 $\dot{I}_2N_2$ 对磁路也会产生影响，即铁芯中的磁通 $\dot{\Phi}_m$ 是由 $\dot{I}_1N_1$ 和 $\dot{I}_2N_2$ 共同产生的。由式 $U\approx E\approx 4.44fN\Phi_m$ 可知，当电源电压和频率不变时，铁芯中的磁通最大值应保持基本不变，那么磁动势也应保持不变，即 $I_1N_1+I_2N_2=I_{10}N_1$。

由于变压器空载电流很小，一般只有额定电流的百分之几，因此当变压器额定运行时，可忽略不计，则有 $I_1N_1\approx -I_2N_2$。

可见，当变压器负载运行时，原绕组、副绕组产生的磁动势方向相反，即副边电流 $\dot{I}_2$ 对原边电流 $\dot{I}_1$ 产生的磁通有去磁作用。因此，当负载阻抗减小、副边电流 I_2 增大时，铁芯中的磁通 Φ_m 将减小，原边电流 I_1 必然增加，以保持磁通 Φ_m 基本不变。当副边电流变化时，原边电流也会相应地变化。原边、副边电流有效值的关系为

$$\frac{I_1}{I_2}=\frac{N_2}{N_1}=\frac{1}{K} \tag{1-10}$$

可见，当变压器额定运行时，原边、副边的电流之比近似等于其匝数之

比的倒数。改变原绕组、副绕组的匝数，就能够改变原边、副边电流的比值，这就是变压器的电流变换特性。

不难看出，变压器的电压比与电流比互为倒数。因此，匝数多的绕组电压高、电流小，匝数少的绕组电压低、电流大。

【例 1-2】已知某一变压器 $N_1=1\,000$，$N_2=100$，$U_1=220$ V，$I_2=2$ A，负载为纯电阻，忽略变压器的漏磁和损耗，求变压器的副边电压 U_2，原边电流 I_1 和输入、输出功率。

解：

变压比

$$K = \frac{N_1}{N_2} = \frac{1\,000}{100} = 10$$

副边电压

$$U_2 = \frac{U_1}{K} = \frac{220}{10} = 22 \text{ V}$$

原边电流

$$I_1 = \frac{I_2}{K} = \frac{2}{10} = 0.2 \text{ A}$$

输入功率

$$P_1 = U_1 I_1 = 220 \times 0.2 = 44 \text{ W}$$

输出功率

$$P_2 = U_2 I_2 = 22 \times 2 = 44 \text{ W}$$

可见，当变压器的功率损耗忽略不计时，它的输入功率与输出功率相等，符合能量守恒定律。

在远距离输电线路中，线路损耗 P_1 和电流 I_1 的平方与线路电阻 R_1 的积成正比，因此在输送功率不变的情况下，所用电压越高，电流就会越小，输电线上的损耗越小，因此供电单位可以通过减小输电导线的截面积，大大降低成本。电厂在输送电能之前，必须先用升压变压器将电压升高，但传输到用户后，电压不能太高，通常为 380 V 或 220 V，因此要用降压变压器再进行降压。

3.阻抗变换

变压器除了具有变压和变流的特性,还有变换阻抗的特性。如图 1-8 所示,变压器原边接电源 U_1,副边接的阻抗值为$|Z_L|$。对于电源来说,图中虚线框内的电路可用另一个阻抗$|Z_L'|$来等效。所谓等效,就是指它们从电源吸取的电流和功率相等。

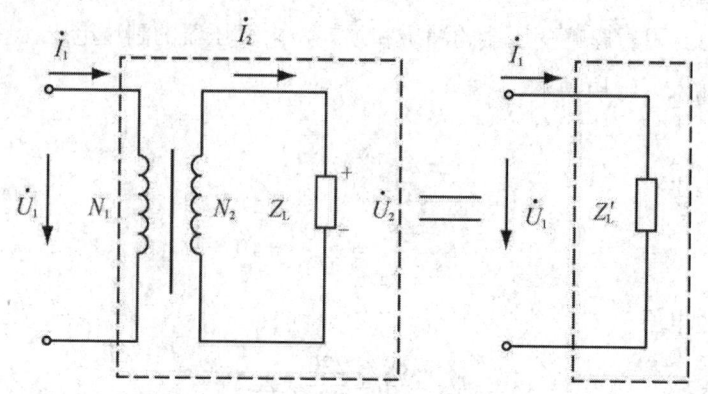

图 1-8 变压器阻抗变换的等效

当忽略变压器的漏磁和损耗时,等效阻抗由下式求得:

$$\left|Z_L'\right| = \frac{U_1}{I_1} = \frac{\left(\dfrac{N_1}{N_2}\right)U_2}{\left(\dfrac{N_2}{N_1}\right)I_2} = \left(\frac{N_1}{N_2}\right)^2 |Z_L| = K^2 |Z_L| \qquad (1-11)$$

$|Z_L| = \dfrac{U_2}{I_2}$ 为变压器副边的负载阻抗。可见,对于变比为 K 且变压器副边阻抗为$|Z_L|$的负载,相当于在电源上接一个阻抗为$|Z_L'|=K^2|Z_L|$的负载,也可以说变压器把负载阻抗$|Z_L|$变换为$|Z_L'|$。因此,通过选择合适的变比 K,可把实际负载阻抗变换为所需的数值,这就是变压器的阻抗变换特性。

在电子电路中,为了提高信号的传输功率,常用变压器将负载阻抗变换为适当的数值,使其与放大电路的输出阻抗相匹配,这种做法称为阻抗匹配。

【例 1-3】某交流信号源的电动势 $E=120$ V,内阻 $R_0=800$ Ω,负载电阻

$R_L = 8\,\Omega$。

（1）若将负载与信号源直接相连，如图 1-9（a）所示，则信号源输出的功率有多大？

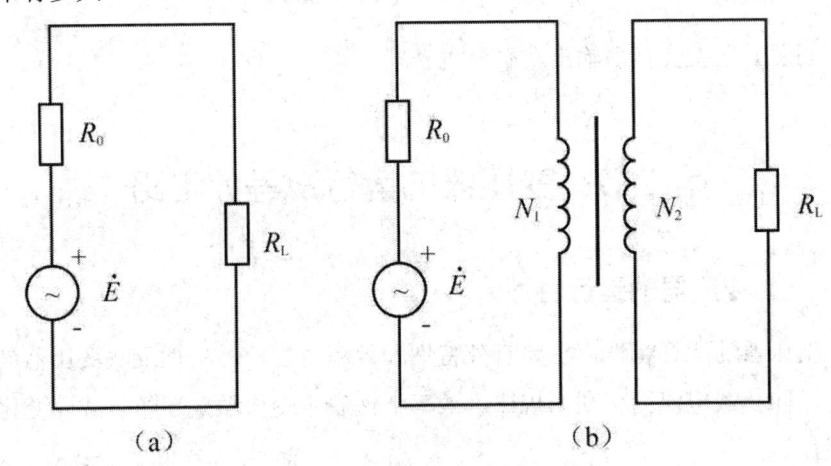

图 1-9　例 1-3 图

（2）若要信号源输给负载的功率达到最大，则负载电阻应等于信号源内阻。今用变压器进行阻抗变换，则变压器的变比是多少？阻抗变换后信号源的输出功率有多大？

解：

（1）由图 1-9（a）可知，若将负载直接与信号源连接，则信号源的输出功率为

$$P = I^2 R_L = \left(\frac{E}{R_0 + R_L}\right)^2 R_L = \left(\frac{120}{800 + 8}\right)^2 \times 8 = 0.176\,\text{W}$$

（2）如图 1-9（b）所示，用变压器把负载电阻 R_L 变换为等效电阻，使其阻值与电源内阻相等，则变比为

$$K = \sqrt{\frac{R_L'}{R_L}} = \sqrt{\frac{800}{8}} = 10$$

信号源的输出功率为

$$P_2 = I^2 R_L' = \left(\frac{E}{R_0 + R_L'}\right)^2 R_L' = \left(\frac{120}{800+800}\right)^2 \times 800 = 4.5 \text{ W}$$

可见，阻抗变换后输出功率最大。

第二节 变压器的运行及等效电路

一、变压器的运行特性

变压器的运行特性，主要有外特性和效率特性。外特性反映变压器副边端电压随负载电流而变动的规律。效率特性表示变压器效率随负载而变化的关系。

1. 变压器的电压变化率和外特性

电压变化率指原绕组加额定电压，副绕组由空载到满载时电压变化的大小与副绕组空载电压的比值，即

$$\Delta U(\%) = \frac{U_{20} - U_2}{U_{20}} \times 100\% \qquad (1\text{-}12)$$

式中：U_{20}——副绕组空载电压；

U_2——变压器输出额定电流时的端电压。

电压变化率是变压器的主要性能指标之一，它的大小反映了供电电压的稳定性。

当变压器的电源电压和负载功率因数一定时，副绕组端电压随负载电流变化的关系称为变压器的外特性。变压器的外特性曲线如图 1-10 所示。

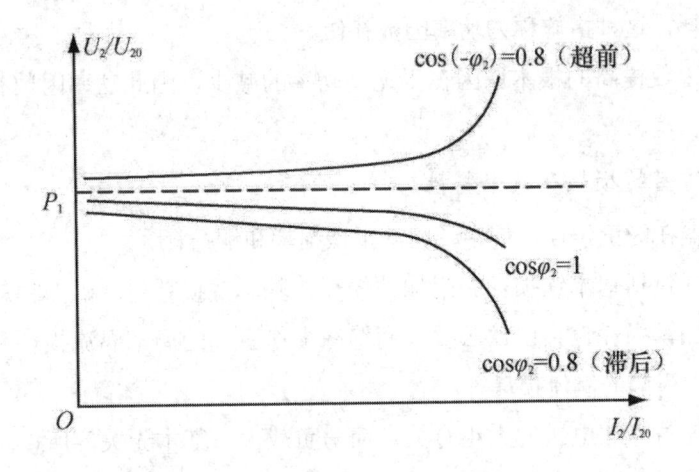

图 1-10 变压器的外特性曲线

由该曲线可得到以下结论:

(1) 当 $I_2=0$ 时, $U_2=U_{20}$。

(2) 当负载为电阻性负载和电感性负载时, 随着 I_2 的增大, U_2 逐渐下降。在相同的负载电流情况下, U_2 的下降程度与功率因数 $\cos\varphi$ 有关。

(3) 当负载为电容性负载时, 随着功率因数 $\cos\varphi$ 的降低, 曲线上升。所以, 在供电系统中, 常常在电感性负载两端并联一定容量的电容器, 以提高负载的功率因数 $\cos\varphi$。

注意:

在交流电路中, 电压与电流之间相位差 φ 的余弦称为功率因数, 用符号 $\cos\varphi$ 表示。在数值上, 功率因数是有功功率 (P) 和视在功率 (S) 的比值, 即 $\cos\varphi=\dfrac{P}{S}$。

电网中的电力负荷大多属于电感性负荷, 电感性设备在运行过程中不仅需要从电力系统吸收有功功率, 还需要吸收无功功率。因此, 在电网中安装并联电容器等无功补偿设备, 可以提供补偿感性负荷所消耗的无功功率, 减少电网电源侧向感性负荷提供的以及由线路输送的无功功率, 减少无功功率在电网中的流动, 还可以降低输配电线路中变压器及母线输送无功功率造成的电能损耗,这种措施称为功率因数补偿。

功率因数提高的根本原因在于无功功率的减少,因此功率因数补偿通常称为无功补偿。

2. 变压器的损耗及效率特性

变压器在能量传递过程中,将产生铁损耗和铜损耗。

铁损耗包括基本铁损耗和附加铁损耗:基本铁损耗包括磁滞损耗和涡流损耗;附加铁损耗包括由铁芯叠片间绝缘损伤引起的局部涡流损耗和主磁通在结构件中引起的涡流损耗等。

铁损耗与外加电压的大小有关,而与负载大小基本无关,所以也称为不变损耗,用 P_{Fe} 表示。

铜损耗包括基本铜损耗和附加铜损耗:基本铜损耗是指电流在原绕组和副绕组直流电阻上的损耗,用 P_{Cu1} 表示;附加铜损耗包括集肤效应引起的损耗以及漏磁场在结构部件上引起的涡流损耗,用 P_{Cu2} 表示。

铜损耗的大小与负载电流的平方成正比,所以也称为可变损耗。

变压器的能量传递过程如图 1-11 所示。

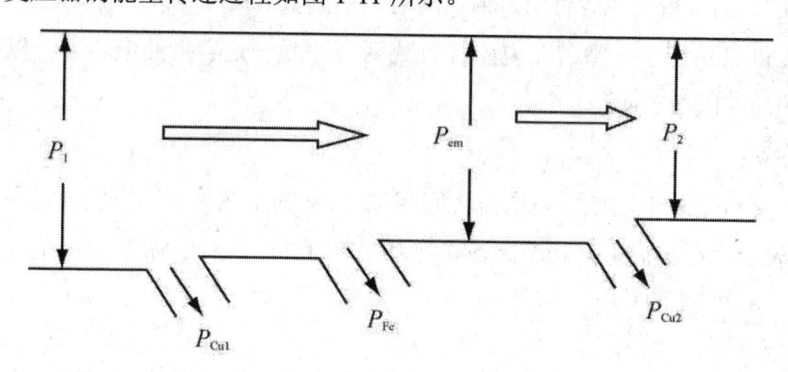

图 1-11 变压器的能量传递过程

效率指变压器的输出功率与输入功率的比值,用 η 表示,计算公式为

$$\eta = \frac{P_2}{P_1} \times 100\% \tag{1-13}$$

式中:P_1——变压器输入功率;

P_2——变压器输出功率,$P_2=U_2I_2\cos\varphi_3$。

效率大小反映了变压器经济性能的好坏。变压器的效率比较高,一般为 95%~98%,大型变压器的效率可达 99%以上。

式(1-13)可推导为

$$\eta = \frac{P_2}{P_1} \times 100\% = \frac{P_1 - \sum P}{P_1} \times 100\% = \left(1 - \frac{P_{Fe} + P_{Cu}}{P_2 + P_{Fe} + P_{Cu}}\right) \times 100\% \quad (1\text{-}14)$$

其中,总损耗为

$$\sum P = P_{Fe} + P_{Cu} \quad (1\text{-}15)$$

这里引入负载系数 β 这一参数。在非额定负载时,负载系数是某一负载下的视在功率或电流对额定负载时的视在功率或电流之比,即

$$\beta = \frac{S}{S_N} = \frac{I}{I_N} \quad (1\text{-}16)$$

对式(1-13)进行推导可得

$$\eta = \left(1 - \frac{P_{Fe} + \beta^2 P_{kN}}{\beta S_N \cos\varphi_2 + P_{Fe} + \beta^2 P_{kN}}\right) \times 100\% \quad (1\text{-}17)$$

式中:P_{kN}——额定电流时的额定短路损耗。

在功率因数一定时,变压器的效率与负载电流之间的关系 $\eta=f(I)$ 或 $\eta=f(\beta)$ 为变压器的效率特性,其特性曲线如图 1-12 所示。

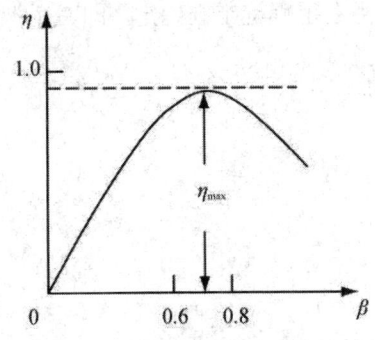

图 1-12 变压器的效率特性曲线

分析式（1-15）及图1-12可得到以下结论：

（1）当空载时，$\beta=0$，$\eta=\left(1-\dfrac{P_0}{P_1}\right)\times 100\%=0$。

（2）当轻载时，β数值较小，P_{Fe}占主要地位，所以η较小。随着β变大，η变大。

（3）当$P_{Fe}=\beta P_{kN}$，即变压器的铜损耗与铁损耗相等时，η有最大值。

（4）当重载时，β数值较小，P_{Cu}占主要地位，所以η较大。随着β变大，η变小。

二、变压器空载运行及等效电路

变压器原绕组接入交流电源，副绕组开路的运行状态，称为变压器的空载运行。当变压器空载运行时，只有原边电流，副边电流为零。

1.变压器的电磁量及方向

变压器空载运行时通过原绕组的电流称为空载电流。空载时的变压器磁通是由空载电流产生的磁动势所激励的，所以空载电流又称为励磁电流。

变压器的空载运行如图1-13所示。空载电流$\dot{I}_0$由原边电压$\dot{U}_1$确定，即由高电位指向低电位。空载电流$\dot{I}_0$与主磁通$\dot{\Phi}_m$的方向满足右手螺旋定则，即右手握线圈，四指绕向为电流方向，拇指方向为磁通方向。绕圈感应电动势$\dot{E}_1$、$\dot{E}_2$与主磁通$\dot{\Phi}_m$的方向由右手螺旋定则确定，即右手握绕组线圈，拇指方向为主磁场方向，四指绕向为感应电动势方向。

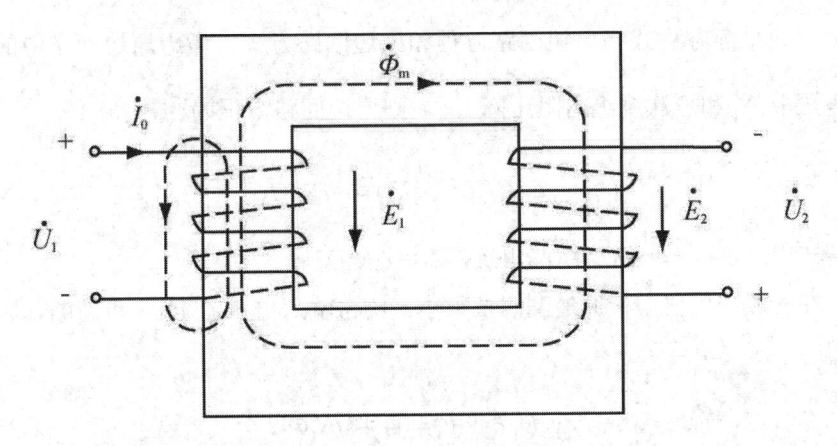

图 1-13 变压器的空载运行

2.电磁关系与平衡方程

电磁关系主要体现在电磁感应定律上，即原边、副边感应电动势与主磁通的变化率成正比。主磁通为正弦变化，即

$$\Phi = \Phi_m \sin \omega t \tag{1-18}$$

则瞬时值为

$$e_1 = -N_1 \frac{d\Phi}{dt} = -\omega N_1 \Phi_m \cos \omega t = \sqrt{2} E_1 \cos \omega t \tag{1-19}$$

$$e_2 = -N_2 \frac{d\Phi}{dt} = -\omega N_2 \Phi_m \cos \omega t = \sqrt{2} E_2 \cos \omega t \tag{1-20}$$

其原边、副边感应电动势有效值 E_1、E_2 为

$$E_1 = \frac{\omega N_1 \Phi_m}{\sqrt{2}} = \frac{2\pi f N_1 \Phi_m}{\sqrt{2}} = 4.44 f N_1 \Phi_m \tag{1-21}$$

$$E_2 = \frac{\omega N_2 \Phi_m}{\sqrt{2}} = \frac{2\pi f N_2 \Phi_m}{\sqrt{2}} = 4.44 f N_2 \Phi_m \tag{1-22}$$

变压器原边、副边的电势比等于对应的匝数比，称为变比，也近似等于两端的电压比，即

$$K = \frac{E_1}{E_2} \approx \frac{U_1}{U_2} \tag{1-23}$$

空载平衡方程式指原边回路方程和副边回路方程。考虑原边回路中的漏抗电压 $j\dot{I}_0X_1$ 和一次绕组内阻压降 I_0r_1，则原边回路方程为

$$U_1 = -E_1 + I_0(r_1 + jX_1) = -E_1 + I_0Z_1 \qquad (1\text{-}24)$$

式中：Z_1——一次绕组漏阻抗，$Z_1 = r_1 + jX_1$。

在一般变压器中，原边漏阻抗很小，约占输入电压的1%，可忽略，因此可得

$$\dot{U}_1 \approx -\dot{E}_1 = j4.44fN_1\dot{\Phi}_m \qquad (1\text{-}25)$$

可以看出，变压器的主磁通的大小主要取决于电源电压、频率和绕组的匝数。

空载运行的变压器副边开路，所以副边输出电压等于其感应电动势，即

$$\dot{U}_{20} \approx -\dot{E}_2 = -j4.44fN_2\dot{\Phi}_m \qquad (1\text{-}26)$$

等效电路是指用简单的交流电路来表示变压器中的复杂的电磁关系。空载运行的等效电路如图1-14所示。

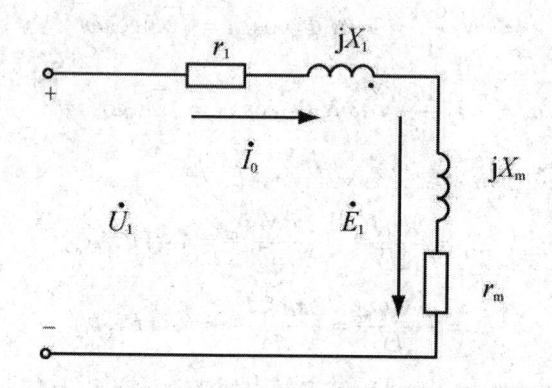

图1-14 空载运行的等效电路图

由图1-14可得到：

$$Z = \frac{\dot{U}_1}{\dot{I}_0} = \frac{\dot{I}_0 Z_1 - \dot{E}_1}{\dot{I}_0} = Z_1 + \frac{-\dot{E}_1}{\dot{I}_0} = Z_1 + Z_m \qquad (1-27)$$

式中：Z——等效阻抗；

Z_m——励磁阻抗，$Z_m = r_m + jX_m$，其中 r_m 为励磁电阻，X_m 为励磁电抗。

三、变压器负载运行及等效电路

变压器负载运行是指原绕组加额定电压，副绕组接入负载时的工作状态。此时，副边电流不为零。下面通过平衡方程的推导和等效电路的绘制，得出负载运行的特点。

1. 负载运行的平衡方程

（1）磁动势平衡方程

当负载运行时，各物理量的参考方向如图 1-15 所示。

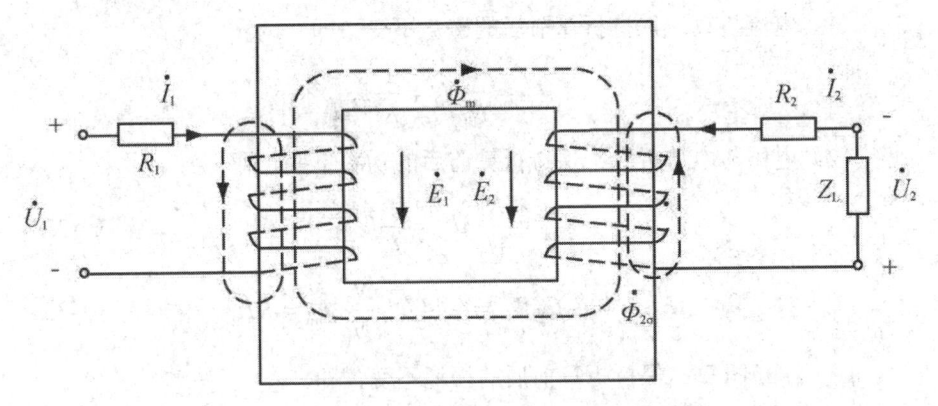

图 1-15 变压器负载运行时各物理量的参考方向

负载运行时的合成磁动势总是等于空载运行时的磁动势 $\dot{I}_0 N_1$，即 $\dot{I}_1 N_1 + \dot{I}_2 N_2 = \dot{I}_0 N_1 = $ 常量，这就是变压器的磁势平衡公式，说明原边电流是随副边电流变化而变化的，即

$$\dot{I}_1 = \dot{I}_0 + \left(-\frac{N_2}{N_1}\dot{I}_2\right) \tag{1-28}$$

式中：$-\dfrac{N_2}{N_1}\dot{I}_2$ ——副边电流折算到原边的相量值。

（2）电压平衡方程

由于原边、副边回路都有电流存在，原边、副边都有感应电动势 $\dot{E}_1$、$\dot{E}_2$，内阻 r_1、r_2 和漏电抗 X_1、X_2，由此可得出变压器原边、副边回路方程，即

$$\dot{U}_1 = -\dot{E}_1 + \dot{I}_1(r_1 + jX_1) = -\dot{E}_1 + I_1 Z_1 \tag{1-29}$$

$$\dot{U}_2 = \dot{E}_2 - \dot{I}_2(r_2 + jX_2) = \dot{E}_2 - \dot{I}_2 Z_2 \tag{1-30}$$

2.负载运行等效折算

负载运行等效折算应遵守能量守恒原则，即保持折算前后的功率关系不变、磁势不变、电路损耗不变。折算方法如下：

（1）电流折算：保持折算前后的磁势不变，即

$$\dot{I}_2' = \frac{N_2}{N_1}\dot{I}_2 = \frac{1}{K}\dot{I}_2 \tag{1-31}$$

（2）电压、电势折算：保持折算前后的功率不变，即

$$\dot{U}_2' = \frac{N_1}{N_2}U_{22} = \frac{1}{K}U_{22} \tag{1-32}$$

$$\dot{E}_2' = 4.44fN_1\dot{\Phi}_m = 4.44fN_1\frac{N_2}{N_1}\dot{\Phi}_m = K\dot{E}_2 \tag{1-33}$$

（3）阻抗折算：保持折算前后的损耗不变，即

$$\begin{aligned} I_2'^2 r_2' &= I_2^2 r_2 \\ I_2'^2 X_2' &= I_2^2 X_2 \end{aligned} \tag{1-34}$$

综上所述，可以得到折算后变压器的 6 个基本方程：

$$\left.\begin{array}{r}\dot{U}_1 = -\dot{E}_1 + \dot{I}_1 Z_1 \\ \dot{U}_2' = \dot{E}_2' - \dot{I}_2' Z_2' \\ \dot{E}_1 = \dot{E}_2 \\ \dot{I}_1 + \dot{I}_2 = \dot{I}_0 \\ -\dot{E}_1 = \dot{I}_0 Z_m \\ U_2' = I_2' Z_L' \end{array}\right\} \quad (1-35)$$

3. 负载运行等效电路图

根据折算后的基本方程式，可得到变压器 T 形等效电路与简化等效电路，如图 1-16 所示。

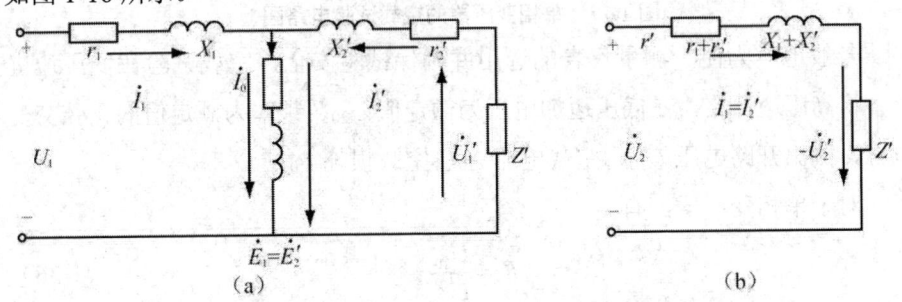

图 1-16 T 形等效电路与简化等效电路图

第三节 变压器参数测试

一、变压器的空载试验

变压器空载试验的目的是确定变压器的变比 K、铁损耗 P_{Fe} 和励磁阻抗 Z_m。单相变压器的空载试验电路如图 1-17 所示。

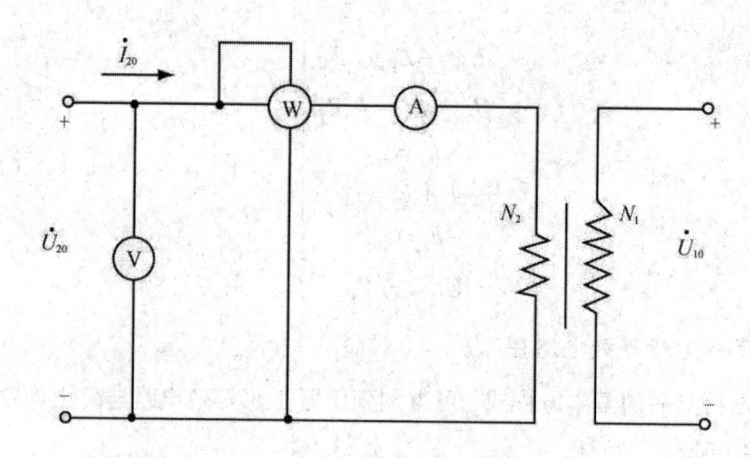

图 1-17 单相变压器的空载试验电路图

一般地，为便于测量仪表的选用并确保试验安全，空载试验在低压边进行：将高压边开路，在低压边加电压为额定值 U_{20}、频率为额定值的正弦交变电源，测出开路电压 U_{10}、空载电流 I_{20}、空载损耗 P_0。

对于单相变压器，有

$$K = \frac{U_{10}}{U_{20}} \tag{1-36}$$

根据变压器空载运行时的等效电路，以及 $Z_m' \gg Z_2$，$r_m' \gg r_2$，有

$$Z_m' = \frac{U_{20}}{I_{20}} - Z_2 \approx \frac{U_{20}}{I_{20}} \tag{1-37}$$

$$r_m' = \frac{P_0}{I_{20}^2} - r_2 \approx \frac{P_0}{I_{20}^2} \tag{1-38}$$

励磁感抗 X_m' 可由 Z_m'、r_m' 计算得到，即

$$X_m' = \sqrt{Z_m'^2 - r_m'^2} \tag{1-39}$$

如果用向高压边折算的等效电路进行计算，则相应的励磁参数如下：

$$Z_m = K^2 Z_m'$$

$$r_m = K^2 r_m'$$

$$X_m = K^2 X_m'$$

根据变压器空载运行时的功率关系,考虑到 I_{20} 很小,有

$$P_{Fe} = P_0 - P_{Cu} \approx P_0 - I_{20}^2 r_2 \approx P_0 \qquad (1\text{-}40)$$

注意:

对于三相变压器的空载试验,测出的电压、电流均为线值,测出的功率为三相功率值,在计算时应进行相应的换算,即将电压、电流换算为相值,将功率换算为单相值。

二、变压器的短路试验

变压器短路试验的目的是确定变压器的铜损耗 P_{Cu}、短路阻抗 Z_s。单相变压器的短路试验电路如图 1-18 所示。短路试验通常在高压边进行,将低压边的出线端短接,高压边通过自耦变压器接正弦交流电源,缓慢升压的同时观察电流表的指示值,至 $I_1 = I_{1N}$ 时停止加压,测出短路电压 U_{1s}、短路电流 I_{1s}、短路损耗 P_s。

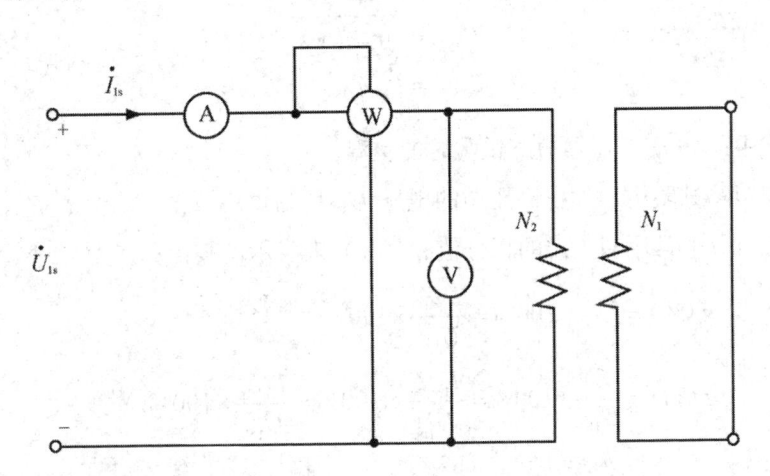

图 1-18 单相变压器的短路试验电路图

从试验可以看出,短路电压 U_{1s} 相对于额定电压 U_{1N} 来说是很小的,因而铁芯中的磁通 Φ_m 也很小,即此时的铁损耗 P_{Fe} 很小。根据功率关系,有 $P_{CuN} = P_s - P_{Fe} \approx P_s$。式中 $P_{CuN} = P_{Cu1} + P_{Cu2}$,为变压器原绕组、副绕组铜损耗

之和。由于此时的铜损耗是在原边电流等于额定值时测出的，所以 P_{CuN} 就是变压器额定运行时的铜损耗。

由于在短路试验中，$Z_L' = 0$，又有 $Z_m \gg Z_2'$，因此可以用简化等效电路来进行计算，有

$$Z_s = \frac{U_{1s}}{I_{1s}}$$

$$r_s = \frac{P_s}{I_{1s}^2} = \frac{P_s}{I_{1N}^2}$$

$$X_s = \sqrt{Z_s^2 - r_s^2}$$

电阻值是随温度变化而变化的，因此应对短路试验时测出的短路电阻 r_s 及与 r_s 值有关的短路损耗 P_s 进行换算，换算成国家标准规定温度（75 ℃）下的值。对于铜绕组变压器，有

$$r_{s75℃} = r_s \frac{235+75}{235+t}$$
$$Z_{s75℃} = \sqrt{r_{s75℃}^2 + x_s^2} \quad (1\text{-}41)$$
$$P_{s75℃} = I_{1N}^2 \cdot r_{s75℃}$$

式中：t——变压器短路试验时的室温。

在短路试验中，加在高压边的电压 U_{1s} 称为短路电压，$U_{1s} = I_{1N} Z_{s75℃}$。短路电压百分值常用对 U_{1N} 的百分值 u_s（%）来表示，其计算式为

$$u_s(\%) = \frac{U_{1s}}{U_{1N}} \times 100\% = \frac{I_{1s} Z_s}{U_{1N}} \times 100\%$$
$$z_s(\%) = \frac{Z_s}{\frac{U_{1N}}{I_{1N}}} \times 100\% = \frac{I_{1N} Z_s}{U_{1N}} \times 100\% = \frac{I_{1s} Z_s}{U_{1N}} \times 100\% \quad (1\text{-}42)$$

式中：z_s（%）——短路阻抗百分值。

可见，u_s（%）= z_s（%），短路电压百分值实际上反映了变压器漏阻抗的大小。变压器是负载的电源，其漏阻抗就是电源的内阻抗。u_s（%）或 z_s（%）

越小，变压器的输出电压随负载变化而变化的程度就越小。u_s（%）是变压器的一个很重要的参数。

三、变压器同极性端的定义、意义及判断方法

1.变压器同极性端的定义及意义

变压器同极性端的定义：当电流分别流入两个绕组时，产生的磁通方向相同，或者说，当磁通发生变化时，两个绕组中产生的感应电动势方向相同，则将两个绕组的流入电流端称为同极性端或同名端，用符号"·"标出。

变压器同极性端的意义：在多个变压器串联、并联过程中，要注意同极性的判断。当变压器的两个一次绕组并联（如图1-19所示）时，只能将同极性端连在一起，否则将会有烧毁绕组的危险；当副绕组进行串联、并联时，也必须根据同极性端正确相连，否则串联时输出电压为零，并联时绕组有可能烧坏。

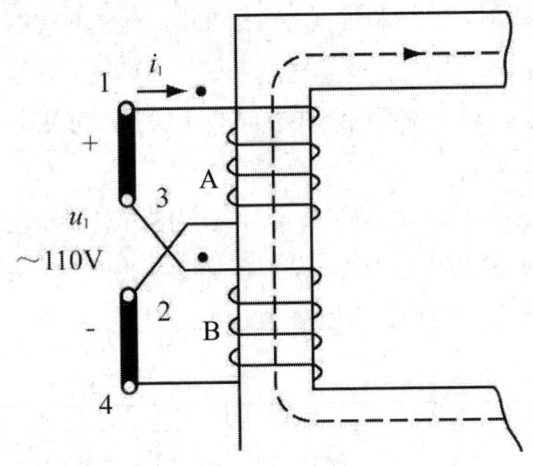

图1-19 两个一次绕组并联图

2.变压器同极性端的判断方法

根据变压器的绕组缠制过程，主要有两种方法能简单地判断出变压器的同极性。

（1）观察法，即根据绕组的绕向判断同极性端，取绕组上端为首端，下

端为尾端。

①当绕向相同时，首端和首端为同极性端，尾端和尾端为同极性端，如图1-20（a）所示。

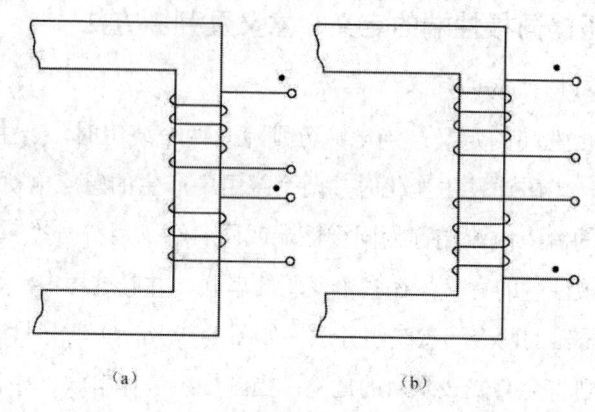

图1-20 通过观察法判断变压器同极性端

②当绕向相反时，首端和尾端为同极性端，尾端和首端为同极性端，如图1-20（b）所示。

（2）实验法。对于看不出绕线方向的变压器，可使用实验法判断同极性端。

①直流法：按图1-21电路连接，A和B为两个待测绕组。当开关S闭合瞬间，绕组A将产生感应电动势，从而使绕组B也产生感生电动势，根据电流表指针方向可判断其方向，再根据定义判断同极性端。

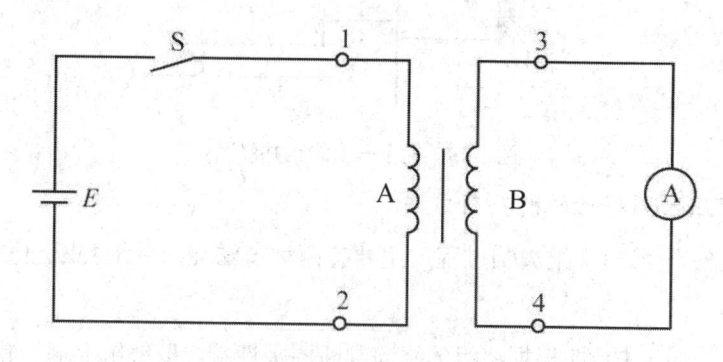

图1-21 通过直流法测同极性端电路图

在图示电路中，当开关闭合瞬间，若电流表正向偏转，则 1 和 3 为同极性端；若电流表反向偏转，则 1 和 4 为同极性端。

②交流法：按图 1-22 电路连接，A 和 B 为两个待测绕组。根据楞次定律，可判断绕组中产生的感生电动势的方向。对于交流信号来说，若瞬时方向相同，则叠加为求和；若瞬时极性相反，则叠加为求差。

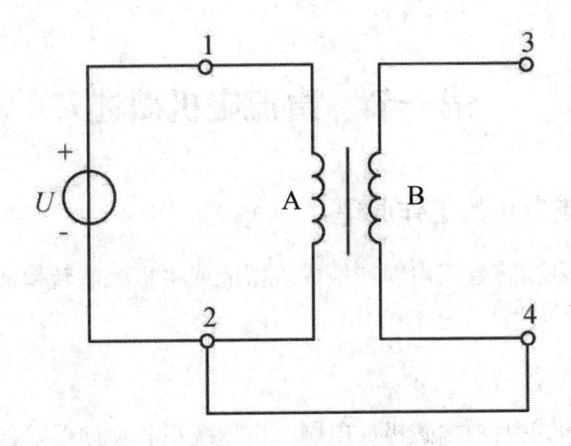

图 1-22　通过交流法测同极性端电路图

如果 $U_{13}=U_{12}+U_{34}$，则 1、4 为同极性端；如果 $U_{13}=U_{12}-U_{34}$，则 1、3 为同极性端。

第二章 直流电机

第一节 直流电机概述

一、直流电机的工作原理

直流电机是指将直流电能转换成机械能或将机械能转换成直流电能的旋转电机。

1.直流发电机的工作原理

直流发电机主要由主磁极、电刷、电枢绕组和换向器等部件构成，其工作原理如图 2-1 所示。定子上有两个磁极 N 和 S，它们形成恒定磁场，两个磁极的中间是装在转子上的电枢绕组。绕组元件 a、b、c、d 的两端 a 和 d 分别与两片相互绝缘的半圆形铜片（换向器）相接，通过电刷 A、B 与外电路相连。

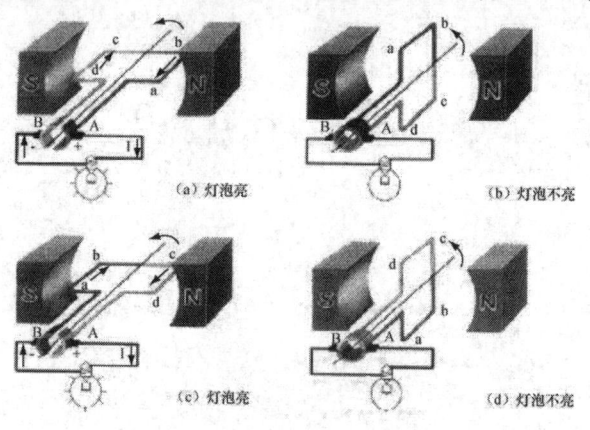

(a) 灯泡亮　　(b) 灯泡不亮

(c) 灯泡亮　　(d) 灯泡不亮

图 2-1　直流发电机的工作原理

当原动机带着电枢逆时针方向旋转时，线圈两个有效边 ab 和 cd 将切割磁场磁力线产生感应电动势，方向由右手定则确定，如图 2-1（a）所示，在 S 极下由 d→c，在 N 极下由 b→a，电刷 A 为正极，电刷 B 为负极。负载电流的方向为由 A→B。

当线圈转过 90°时，如图 2-1（b）所示，两个线圈的有效边位于磁场物理中性面上，导体的运动方向与磁力线平行，不切割磁力线，因此感应电动势为 0。虽然两个电刷同时与两铜片相接，把线圈短路，但线圈中无电动势和电流。

当线圈转过 180°时，如图 2-1（c）所示，线圈边中的电动势方向改变了，在 S 极下由 a→b，在 N 极下由 c→d。由于此时电刷 A 和电刷 B 所接触的铜片已经互换，因此电刷 A 仍为正极，电刷 B 仍为负极，输出电流的方向不变。

当线圈转过 270°时，如图 2-1（d）所示，感应电动势为 0，线圈中也无电动势和电流，只不过线圈的位置变化了 180°。

线圈每转过一对磁极，其两个有效边中的电动势方向就改变一次，但是两个电刷之间的电动势方向是不变的，电动势大小在 0 和最大值之间变化。显然，虽然电动势方向不变，但是电压值波动很大，这样的电动势是没有实用价值的。为降低电动势的波动程度，一般在电枢圆周表面装有较多数量互相串联的线圈和相应数量的铜片。这样，换向后合成电动势的波动程度就会显著降低。由于实际发电机的线圈数较多，所以电动势波动很小，可认为是大小恒定不变的直流电动势。

由以上分析可得出直流发电机的工作原理为：当原动机带动直流发电机电枢旋转时，在电枢绕组中产生方向交变的感应电动势，通过电刷和换向器的作用，在电刷两端输出方向不变的直流电动势。

2.直流电动机的工作原理

直流电动机在机械构造上与直流发电机完全相同。直流电动机的工作原理如图 2-2 所示。电枢不用外力驱动，把电刷 A、B 接到直流电源上，假定电流从电刷 A 流入线圈,沿 a→b→c→d 的方向,从电刷 B 流出。载流线圈在磁场中将受到电磁力的作用,其方向按左手定则确定,ab 边受到向上的力,cd 边受到向下的力,形成电磁转矩,使电枢逆时针方向转动,如图 2-2(a)所示。当电枢转过 90°时,如图 2-2(b)所示,线圈中既无电流也无力矩作用,但在惯性的作用下继续旋转。

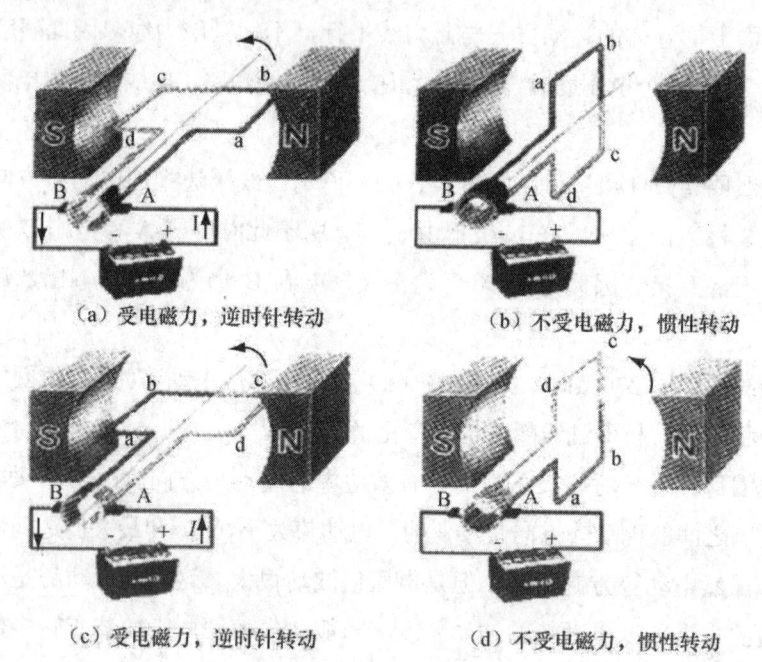

(a) 受电磁力,逆时针转动　　(b) 不受电磁力,惯性转动

(c) 受电磁力,逆时针转动　　(d) 不受电磁力,惯性转动

图 2-2　直流电动机的工作原理

当电枢转过 180°时,如图 2-2(c)所示,电流仍然从电刷 A 流入线圈,沿 d→c→b→a 的方向,从电刷 B 流出。与图 2-2(a)相比,通过线圈的电流方向改变了,但两个线圈边受电磁力的方向却没有改变,即电动机只朝一个方向旋转。要想改变其转向,就必须改变电源的极性,使电流从电刷 B 流入,从电刷 A 流出才行。

由以上分析可得出直流电动机的工作原理为:当直流电动机接入直流电源时,借助于电刷和换向器的作用,使直流电动机电枢绕组中流过方向交变的电流,从而使电枢产生恒定方向的电磁转矩,保证了直流电动机朝一定的方向连续旋转。

3.直流电机的可逆原理

比较直流电动机与直流发电机的结构和工作原理,可以发现:一台直流电机既可以作为发电机运行,也可以作为电动机运行,只是其输入输出的条件不同而已。

如果在电刷两端加上直流电源,将电能输入电枢,则从电机轴上输出机械能,驱动生产机械工作,这时直流电机将电能转换为机械能,作为电动机运行。

如果用原动机驱动直流电机的电枢旋转,从电机轴上输入机械能,则从电刷两端可以引出直流电动势,输出电能,这时直流电机将机械能转换为电能,作为发电机运行。

同一台直流电机,既能作为发电机运行,又能作为电动机运行的原理,称为直流电机的可逆原理。一台直流电机的实际工作状态取决于外界的不同条件。实际上,直流电动机和直流发电机的工作特点是有所不同的。例如:直流发电机的额定电压略高于直流电动机,以补偿线路的电压降;直流发电机的额定转速略低于直流电动机,便于选配原动机。

二、直流电机的基本结构

直流电动机和直流发电机的结构基本一样。直流电机由静止的定子和转动的转子两大部分组成,定子和转子之间存在一个间隙,称为气隙。定子的作用是产生磁场和支撑电机,它主要包括主磁极、换向磁极、机座、电刷装置和端盖等。转子的作用是产生感应电动势和电磁转矩,实现机电能量的转换,通常也称为电枢,它主要包括电枢铁芯、电枢绕组、换向器、转轴、风扇等。直流电机的基本结构如图2-3所示。

电机与电气控制技术应用

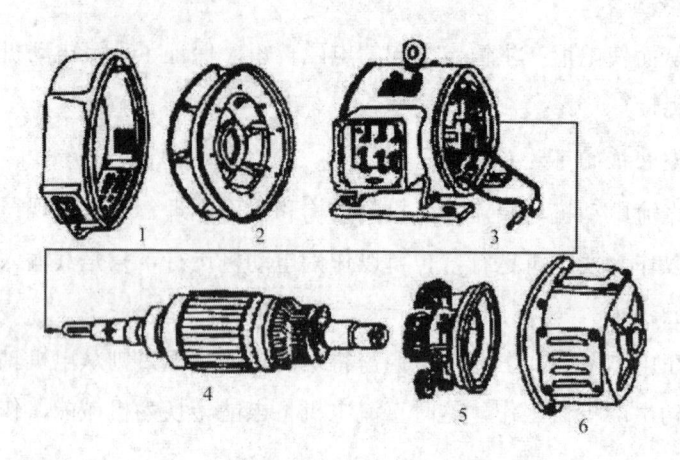

1—前端盖；2—风扇；3—定子；4—转子；5—电刷及刷架；6—后端盖。

图 2-3 直流电机的基本结构图

1. 主磁极

主磁极的作用是产生主磁通,它由铁芯和励磁绕组等组成,如图 2-4 所示。铁芯一般用 1~1.5 mm 的低碳钢片叠压而成,小电机也有采用整块铸钢磁极的。主磁极上的励磁绕组是用绝缘铜线绕制而成的集中绕组,与铁芯绝缘,各主磁极上的线圈一般都是串联起来的。主磁极总是成对的,并按 N 极和 S 极交替排列。

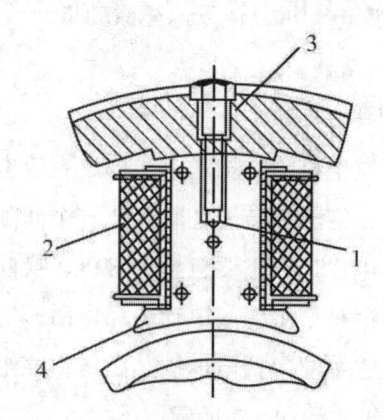

1—铁芯；2—励磁绕组；3—机座；4—极靴。

图 2-4 主磁极的结构

2.换向磁极

换向磁极又称附加极或间极,其作用是产生附加磁场,以改善电机的换向性能。通常铁芯由整块钢做成,换向磁极的绕组应与电枢绕组串联。换向磁极装在两个主磁极之间,其结构如图 2-5 所示。直流电机在作为发电机运行时,其极性应与电枢导体将要进入的主磁极的极性相同;在作为电动机运行时,则应与电枢导体刚离开的主磁极的极性相同。主磁极与换向磁极的位置如图 2-6 所示。

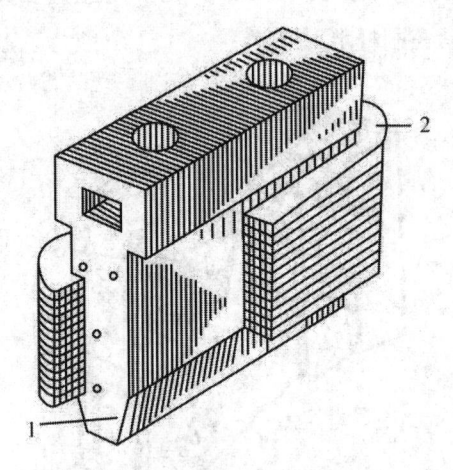

1—换向极铁芯;2—换向极绕组。

图 2-5 换向磁极的结构

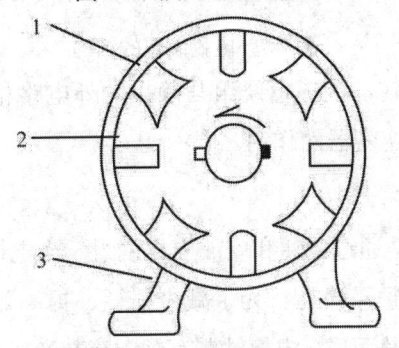

1—主磁极;2—换向磁极;3—机座。

图 2-6 主磁极与换向磁极的位置

3.机座

机座一方面用于固定主磁极、换向磁极和端盖等,另一方面作为电机磁路的一部分,称为磁轭。机座一般用铸钢或钢板焊接制成。

4.电刷装置

在直流电机中,为了使电枢绕组和外电路连接起来,必须安装固定的电刷装置,它主要是由刷握、电刷、压紧弹簧、铜丝辫组成的,如图2-7所示。电刷是用石墨等制成的导电块,放在刷握内,用压紧弹簧将它压触在换向器上。刷握用螺钉夹紧在刷杆上。

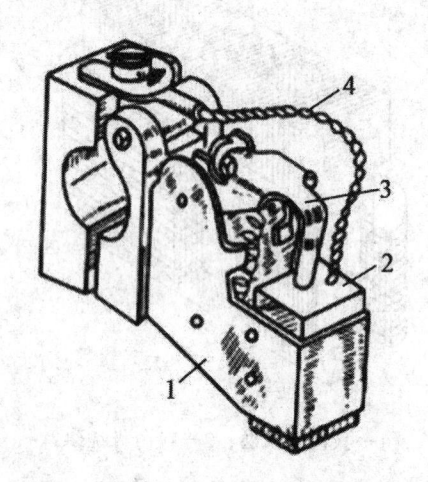

1—刷握;2—电刷;3—压紧弹簧;4—铜丝辫。

图2-7 电刷装置的结构

电刷的作用是把转动的电枢绕组与静止的外电路相连接,并与换向器相配合,起到整流器或逆变器的作用。

5.电枢铁芯

电枢铁芯的作用是通过磁通和安放电枢绕组。当电枢在磁场中旋转时,铁芯将产生涡流损耗和磁滞损耗。为了减少损耗、提高效率,电枢铁芯一般用0.5 mm厚的硅钢片冲叠而成。电枢铁芯有轴向冷却通风孔。铁芯外圆周上均匀分布的槽,用以嵌放电枢绕组。电枢铁芯的外形及硅钢片的外形如图2-8所示。

图 2-8　电枢铁芯外形图及硅钢片外形图

6.电枢绕组

电枢绕组的作用是产生感应电动势和通过电流产生电磁转矩，实现机电能量转换，其结构如图 2-9 所示。电枢绕组通常用漆包线绕制而成，嵌入电枢铁芯槽内，并按一定的规则连接起来，是通过电流和感应产生电动势以实现机电能量转换的关键部件。

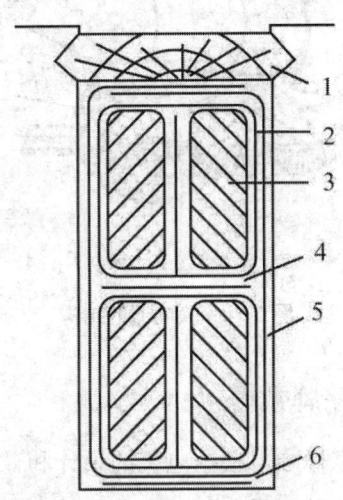

1—槽楔；2—线圈绝缘；3—电枢导体；

4—层间绝缘；5—槽绝缘；6—槽底绝缘。

图 2-9　电枢绕组的结构

线圈用绝缘的圆形或矩形截面导线绕成，嵌放在电枢槽内，上下层之间

35

以及线圈与铁芯之间都要妥善地绝缘，然后用槽楔压紧，再用钢丝或玻璃丝带扎紧，以防止离心力将绕组甩出槽外。

7. 换向器

换向器的结构如图 2-10 所示。它由许多带有鸽尾形的换向片叠成一个圆筒，片与片之间用云母片绝缘，由 V 形套管和螺纹压圈拧紧成一个整体。每个换向片与绕组每个元件的引出线焊接在一起，其作用是将直流电动机输入的直流电流转换成电枢绕组内的交变电流，进而产生恒定方向的电磁转矩，使电动机连续运转。

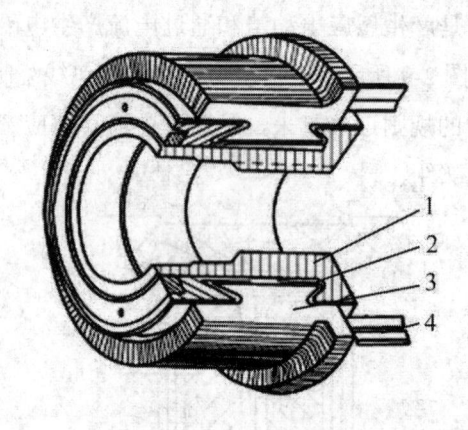

1—V 形套管；2—云母环；3—换向片；4—连接片。

图 2-10 换向器的结构

三、直流电机的铭牌数据

电机制造厂按照国家标准，根据电机的设计和试验数据，规定了电机的正常运行状态和条件。这种正常运行状态和条件通常称为额定运行情况。凡表示电机额定运行情况的各种数据均称为额定值，它们被标注在电机铝制铭牌上，是正确合理使用电机的依据。Z_2-72 型直流电机的铭牌参数及型号组成部分的含义如图 2-11 所示。

型号	Z₂-72	励磁方式	并励
额定容量	22 kV·A	励磁电压	220 V
额定电压	220 V	励磁电流	2.06 A
额定电流	116 A	定额	连续
额定转速	1 500 r/min	温升	80 ℃
编号	××××	出厂日期	××年×月×日

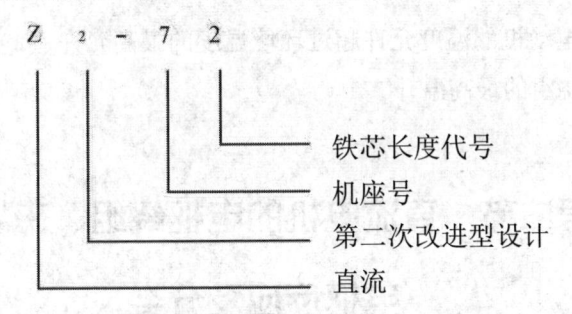

××××电机厂

```
Z  ₂ - 7  2
│  │   │  │
│  │   │  └── 铁芯长度代号
│  │   └───── 机座号
│  └────────── 第二次改进型设计
└───────────── 直流
```

图 2-11 Z₂-72 型直流电机的铭牌参数及型号组成部分的含义

1. 额定容量 P_N（kV·A）

额定容量指电机的输出功率，又称为额定功率。对发电机而言，额定容量是指输出的电功率；对电动机而言，额定容量则是指转轴上输出的机械功率。

2. 额定电压 U_N（V）和额定电流 I_N（A）

额定电压 U_N 和额定电流 I_N 不同于电机的电枢电压 U_a 和电枢电流 I_a，发电机的 U_N、I_N 是输出值，电动机的 U_N、I_N 是输入值。

3. 额定转速 η_N（r/min）

额定转速是指在额定功率、额定电压、额定电流时电机的转速。

电机在实际应用时，是否处于额定运行情况，要由负载的大小决定。一般不允许电机超过额定值运行，因为这样会缩短电机的使用寿命，甚至损坏电机。但也不能让电机长期轻载运行，这样不能充分利用设备，运行效率低。所以，人们应该根据负载大小合理选择电机。

4.额定值之间的关系

对于直流电动机：

$$P_N = U_N I_N \eta_N \tag{2-1}$$

对于直流发电机：

$$P_N = U_N I_N \tag{2-2}$$

5.温升

温升指电动机的温度允许超过环境温度的最高允许值。铭牌上的温升是指电机励磁绕组的最高温升。

第二节　直流电机的电枢绕组、磁场、电枢反应及分类

一、直流电机的电枢绕组

电枢绕组的作用是产生电磁转矩和感应电动势，是直流电机进行能量转换的关键部件。它是由许多线圈（以下称元件）按一定规律连接而成的，线圈采用高强度漆包线或玻璃丝包扁铜线绕成，不同线圈的边分上下两层嵌放在电枢槽中，线圈与铁芯之间以及上下两层线圈边之间都必须妥善绝缘。为防止离心力将线圈边甩出槽外，槽口应用槽楔固定。线圈伸出槽外的端接部分用热固性无纬玻璃带进行绑扎。单叠绕组元件如图2-12所示。为满足生产要求，电枢绕组应满足以下条件：在通过规定的电流和产生足够的电势和电磁转矩前提下，所消耗的有效材料最少，且强度高，运转可靠，结构简单。

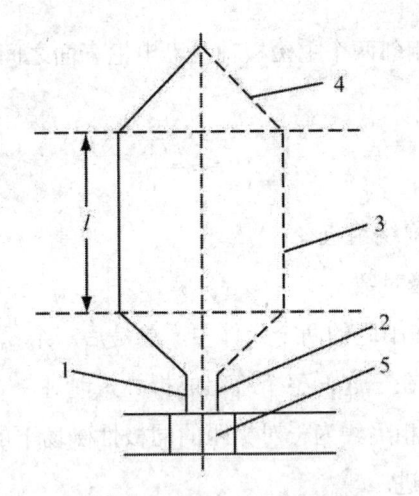

1—首端；2—末端；3—元件边；4—端接部分；5—换向片。

图 2-12　单叠绕组元件

1.电枢绕组的基本概念

（1）元件（如图 2-13 所示）：指构成绕组的线圈，分单匝和多匝两种。

（2）元件的首末端：每一个元件均引出两根线与换向片相连，其中一根称为首端，另一根称为末端。

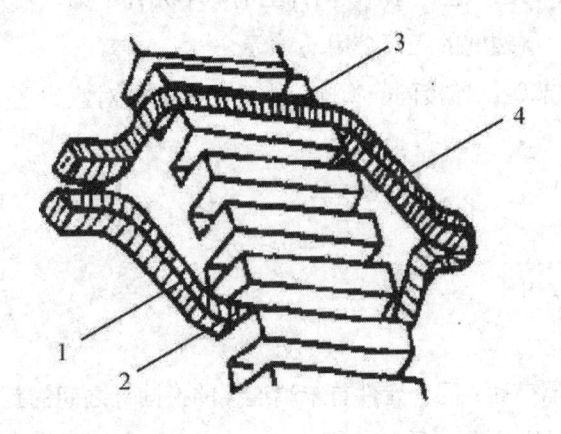

1—首端；2—下元件边；3—上元件边；4—末端。

图 2-13　元件

（3）极距：指相邻两个主磁极轴线沿电枢表面之间的距离，用 τ 表示，计算式为

$$\tau = \frac{\pi D}{2p} \tag{2-3}$$

式中：D——电枢绕组直径；

p——磁极对数。

（4）叠绕组：在串联的两个元件中，总是后一个元件的端接部分与前一个元件端接部分紧叠在一起，整个绕组成折叠式前进。

（5）波绕组：把相隔约为一对极距的同极性磁场下的相应元件串联起来，整个绕组成波浪式前进。

（6）第一节距：一个元件的两个有效边在电枢表面跨过的距离，用 y_1 表示。第一节距的计算式为

$$y_1 = \frac{Z_e}{2p} \pm \varepsilon \tag{2-4}$$

式中：Z_e——虚槽数；

ε——用于使 y_1 为整数的参数。

（7）第二节距：连至同一换向片上的两个元件中第一个元件的下层边与第二个元件的上层边间的距离，用 y_2 表示。

（8）合成节距：连接同一换向片上的两个元件对应边之间的距离，用 y 表示。

对于单叠绕组：

$$y = y_1 - y_2$$

对于单波绕组：

$$y = y_1 + y_2$$

（9）换向器节距：同一元件首末端连接的换向片之间的距离，用 y_k 表示。元件各节距之间的关系如图 2-14 所示。

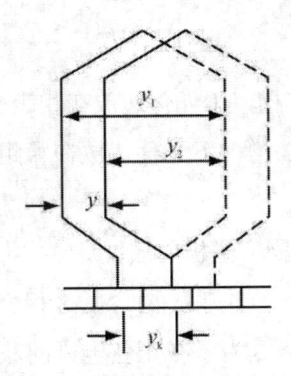

图 2-14　元件各节距之间的关系图

2.单叠绕组

单叠绕组的连接规律是：所有相邻元件依次串联（后一元件的首端与前一元件的尾端相连），同时每个元件的出线端依次连接到相邻的换向片上，最后形成一个闭合回路。

单叠绕组的合成节距等于一个槽，换向器节距等于一个换向片，即

$$y = y_k = \pm 1 \tag{2-5}$$

在式（2-5）中，当 $y=y_k=+1$ 时，绕组为右行；当 $y=y_k=-1$ 时，绕组为左行。

左行绕组每个元件的首端和末端交叉，用铜较多，不常采用。

单叠绕组的展开图是把放在铁芯槽里、构成绕组的所有元件取出来画在一张图里，展示元件相互间的电气连接关系及主磁极、换向片、电刷间的相对位置关系。

【例 2-1】画一幅直流电机的绕组展开图，其参数为：$p=2$，$Z_e=S=K=16$，采用单叠绕组形式。

解：

（1）数据计算如下：

$$y = y_k = 1$$

$$y_1 = \tau = \frac{Z_e}{2p} = \frac{16}{2 \times 2} = 4$$

（2）绕组放置如下：

元件 1：上元件边在 1 槽，下元件边放在相距 $y_1=4$ 即 5 槽下层。

元件 2：上元件边在 2 槽，下元件边放在相距 $y_1=4$ 即 6 槽下层，以此类推。

（3）确定某一瞬间电刷、磁极的放置。

磁极：磁极宽度约 0.7τ，均匀分布，N、S 极交替安排。

电刷：连接内、外电路。为了在正负电刷间获得最大直流电势以及产生最大的电磁转矩，电刷放在被电刷短路的元件电势为 0 的位置。

电势为 0 的元件：在一个主极下的元件边电势具有相同的方向。在磁极的几何中心线上电势为 0。

单叠绕组展开如图 2-15 所示。

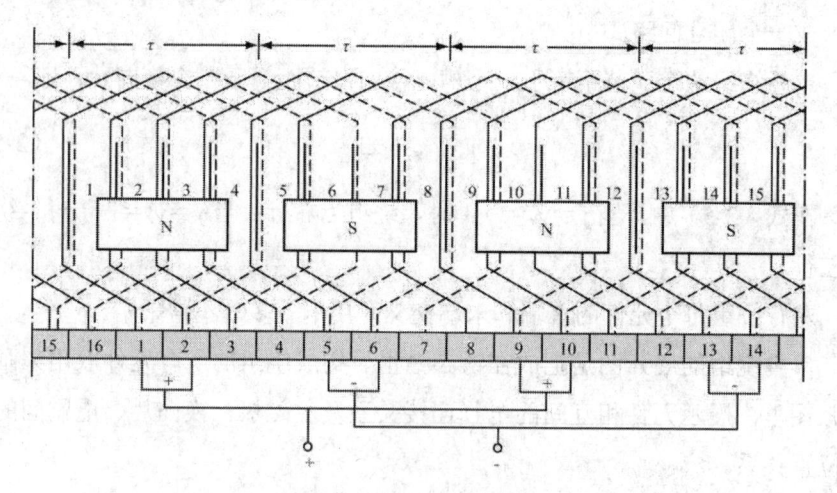

图 2-15 单叠绕组展开图

（4）元件连接顺序如图 2-16 所示。

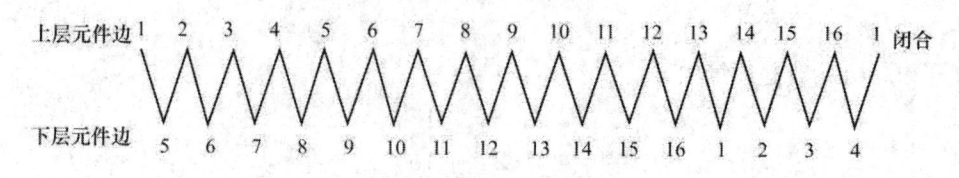

图 2-16 元件连接顺序图

（5）绕组电路图：结合电刷的放置，得到如图 2-17 所示的瞬时电路图。

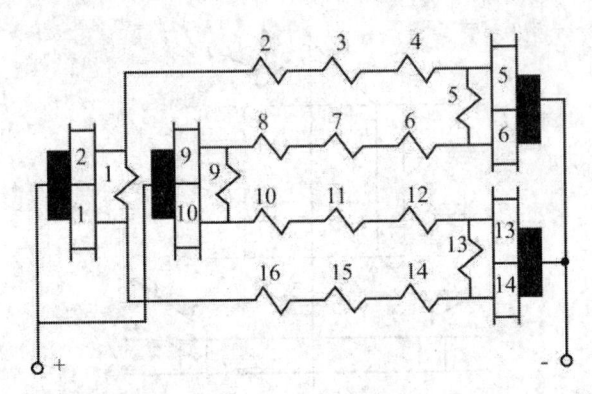

图 2-17　单叠绕组元件瞬时电路图

由图 2-17 可以看出，每个极下的元件组成一条支路，即单叠绕组的并联支路数正好等于电机的极数。

注意：

单叠绕组有以下特点：

第一，元件的两个出线端连接于相邻两个换向片上。

第二，并联支路数等于磁极数，$2a=2p$。

第三，在整个电枢绕组的闭合回路中，感应电动势的总和为零，绕组内部无换流。

第四，每条支路由不相同的电刷引出，电刷不能少，电刷数等于磁极数。

第五，正负电刷引出的电动势即每一支路的电动势，电枢电压等于支路电压。

第六，由正负电刷引出的电枢电流 I_a 等于各支路电流之和，即 $I_a=2ai_a$。

3.单波绕组

单波绕组的连接规律是：把相隔大约两个极距，即在磁场中位置差不多相对应的元件连接起来。

为了使串联的元件所产生的电势同向相加，元件边应处于相同磁极极性下，即合成节距 $y\approx2\tau$，$y\neq2\tau$。

单波绕组连接如图 2-18 所示。

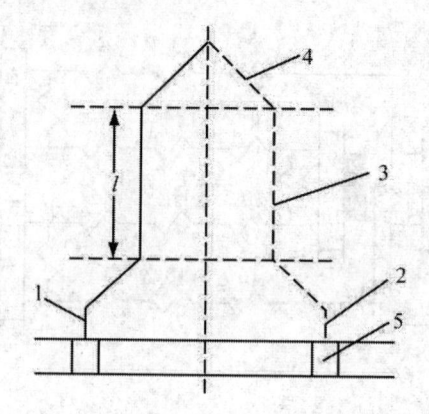

1—首端；2—末端；3—元件边；4—端接部分；5—换向片。

图 2-18　单波绕组连接图

单波绕组和换向极距 y_k 必须符合 $p \times y_k = K-1$，即 $p = \dfrac{K-1}{y_k}$。

【例 2-2】画一幅直流电机的绕组展开图，其参数为 $p=2$，$Z_e = S = K = 15$，采用左单波绕组形式。

解：

（1）绕组数据计算如下：

$$y_1 = \frac{Z_e}{2p} + \varepsilon = \frac{15}{4} + \frac{1}{4} = 4$$

$$y = y_k = \frac{K-1}{P} = \frac{15-1}{2} = 7$$

$$y_2 = y - y_1 = 7 - 4 = 3$$

（2）元件、换向片的放置：1 号元件上层边放在 1 号槽，下层边放在 4 号槽；首末端所连的换向器相距 $y_k = 7$；为了端部对称，首末端所连的两个换向片之间的中心线与 1 号元件的轴线重合。1 号元件上层边所连的换向片定为 1 号。依次连接。

（3）磁极的放置：N、S 极均匀交替地排列。

电刷放置在与主极轴线对准的换向片上。

单波绕组展开如图 2-19 所示。

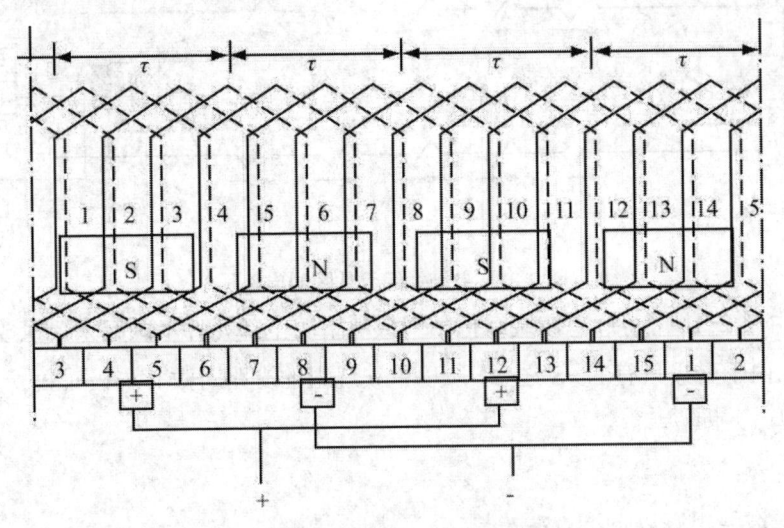

图 2-19 单波绕组展开图

（4）元件连接顺序：从绕组展开图中可以看出，全部 15 个元件串联而构成一个闭合回路的顺序是 1→8→15→7→14→6→13→5→12→4→11→3→10→2→9→1。

元件连接顺序如图 2-20 所示。

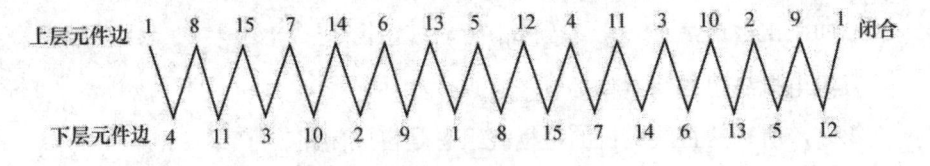

图 2-20 元件连接顺序图

（5）绕组电路图：结合电刷的放置，得到如图 2-21 所示瞬时电路图。

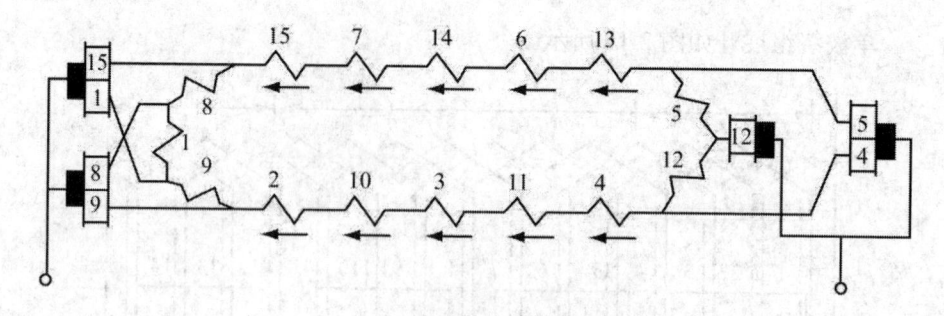

图 2-21 单波绕组元件瞬时电路图

由图 2-21 可得：单波绕组把相同极性下的全部元件串联起来，组成一条支路。由于磁极只有 N、S 之分，所以单波绕组的支路对数 a 与极对数 p 无关，永远为 1，即 $a\equiv 1$。

注意：

单波绕组有以下特点：

第一，同极性下各元件串联起来组成一条支路，支路对数 $a\equiv 1$，与磁极对数 p 无关。

第二，当元件的几何尺寸对称时，电刷在换向器表面上的位置对准主磁极中心线，支路电动势最大。

第三，电刷组数应等于极数（采用全额电刷）。

第四，电枢电流 $I_a = 2i_a$（支路电流）。

直流电机绕组的特点包括以下几点：

第一，所有的直流电机的电枢绕组总是自成闭路。

第二，电枢绕组的支路数 $2a$ 永远成对出现，这是由于磁极数 $2p$ 为一个偶数。

第三，为了得到最大的直流电动势，电刷总是与位于几何中性线上的导体相接触。

思考分析：

单叠绕组和单波绕组的区别。

二者的区别如下：

单叠绕组：先串联所有上元件边在同一极下的元件，形成一条支路。每增加一对主极就增加一对支路，即 $2a=2p$。叠绕组并联的支路数多，每条支路中串联元件数少，适用于较大电流、较低电压的电机。

单波绕组：把全部上元件边在相同极性下的元件相连，形成一条支路。整个绕组只有一对支路，极数的增减与支路数无关，即 $2a=2$ 条支路。波绕组并联的支路数少，每条支路中串联元件数多，适用于较高电压、较小电流的电机。

二、直流电机的磁场及电枢反应

1.直流电机的磁场

直流电机无论作为发电机运行还是作为电动机运行，都必须具有一定强度的磁场，所以磁场是直流电机进行能量转换的媒介。因此，在分析直流电机的运行原理以前，必须先对直流电机中磁场的大小及分布规律等有所了解。

（1）直流电机的空载磁场：直流电机不带负载（不输出功率）时的运行状态称为空载运行。直流电机在空载运行时，电枢电流为零或近似等于零。所以，空载磁场是指主磁极励磁磁势单独产生的励磁磁场，又称为主磁场。一台四极直流电机空载磁场的分布如图 2-22 所示（为方便起见，只画一半）。

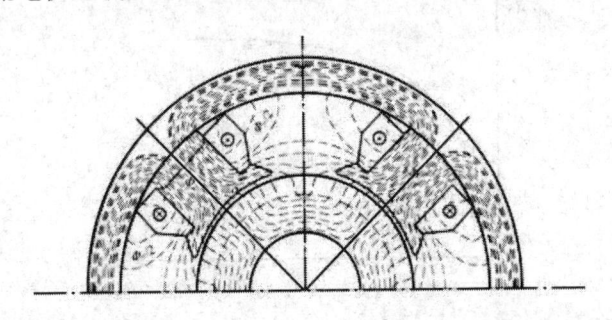

图 2-22 一台四极直流电机空载磁场的分布

（2）主磁通和漏磁通：图 2-22 表明，当励磁绕组通以励磁电流时，产生的磁通大部分由 N 极出来，经气隙进入电枢齿，通过电枢铁芯（电枢磁轭），到 S 极下的电枢齿，又通过 S 极下的气隙进入 S 极，再经机座（定子磁轭）

回到原来的 N 极，形成闭合磁回路。这部分经过气隙且与励磁绕组和电枢绕组都交链的磁通称为主磁通，用 Φ_0 表示。主磁通经过的路径称为主磁路。显然，主磁路由主磁极、气隙、电枢齿、电枢磁轭和定子磁轭等部分组成。另有两部分磁通不通过气隙，一是仅经过励磁绕组自身闭合的磁通，二是经过相邻主磁极和定子磁轭闭合的磁通，这两部分磁通称为漏磁通，以 Φ_σ 表示。在漏磁通的路径中，主要为空气，磁阻很大，所以漏磁通的数量只有主磁通的 15%～20%。

(3) 直流电机的空载磁化特性：当直流电机运行时，要求气隙磁场每个极下有一定数量的主磁通，称为每极磁通 Φ。当励磁绕组的匝数 W_f 一定时，每极磁通 Φ 的大小主要决定于励磁电流 I_f。当空载时，每极磁通 Φ_0 与空载励磁电流 I_{f0} 或空载励磁磁势 F_0 的关系称为电机的空载磁化特性，即 $\Phi_0=f(I_{f0})$ 或 $\Phi_0=f(F_0)$。由于构成主磁路的 5 部分当中有 4 部分是铁磁材料，铁磁材料磁化时的 $B-H$ 曲线有饱和现象，磁阻是非线性的，所以空载磁化特性在 I_{f0} 较大时也出现饱和。直流电机铁芯空载磁化曲线如图 2-23 所示。为充分利用铁磁材料，又不使磁阻太大，电机的工作点一般选在磁化特性开始转弯，亦即磁路开始饱和的部分（图 2-23 中 A 点附近）。

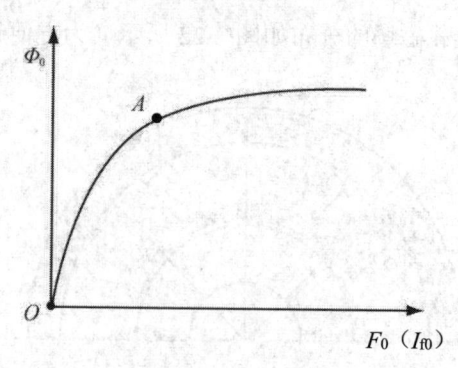

图 2-23 直流电机铁芯空载磁化曲线

(4) 空载磁场气隙磁密分布：主磁极的励磁磁势主要消耗在气隙上，当近似地忽略主磁路中铁磁材料的磁阻时，主磁极下气隙磁密的分布就取决于气隙 δ 的大小分布情况。在一般情况下，磁极极靴宽度约为极距的 75%。在磁极中心及其附近，气隙较小且均匀不变，磁通密度较大且基本为常数；靠近两边极尖处，气隙逐渐变大，磁通密度减小；超出极尖以外，气隙明显增大，磁通密度显著减小；在磁极之间的几何中性线处，气隙磁通密度为零。空载气隙磁密分布曲线如图 2-24 所示。

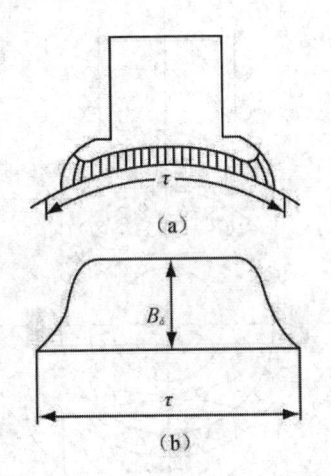

图 2-24 空载气隙磁密分布曲线

2.直流电机的电枢反应

（1）直流电机电枢反应的概念

当直流电机负载时，电枢绕组流过电枢电流 I_a，产生电枢磁势 F_a，与励磁磁势 F_f 共同建立负载时的气隙合成磁密，必然会使原来的气隙磁密的分布发生变化。通常人们把电枢磁势对气隙磁密分布的影响称为电枢反应。

（2）直流电机电枢反应的影响

下面先分析电枢磁势单独作用时在电机气隙中产生的电枢磁场，再将电枢磁场与空载气隙磁场合起来，就可得到负载磁场，通过比较负载磁场与空载气隙磁场，可以了解电枢反应的影响。

图 2-25 表示两极直流电机电枢磁势单独作用产生的电枢磁场分布情况，图中没有画出换向器，所以把电刷直接画在几何中性线处，以表示电刷是通过换向器与处在几何中性线上的元件边相接触的。由于电刷轴线上部所有元

件构成一条支路，下部所有元件构成另一条支路，电枢元件边中的电流方向以电刷轴线为分界。图中设上部元件边中的电流方向为进去，下部元件边中的电流方向为出来，由右手螺旋定则可知，电枢磁势的方向为由右向左，电枢磁场轴线与电刷轴线相重合，在几何中性线上，即与磁极轴线相垂直。

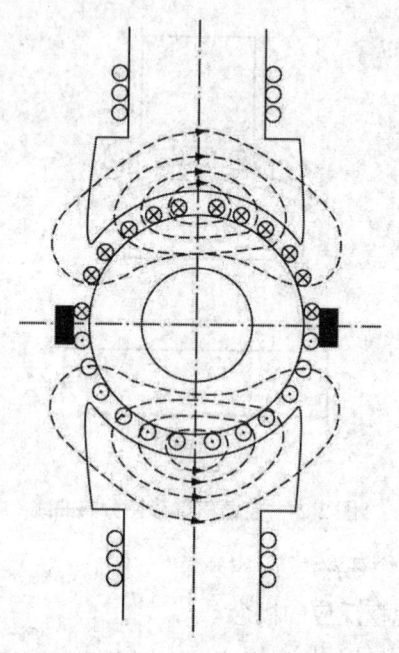

图2-25 两极直流电机电枢磁势单独作用产生的电枢磁场分布情况

下面进一步分析电枢磁势和电枢磁场气隙磁密的分布情况。假设图2-25所示电机电枢绕组只有一个整距元件，其轴线与磁极轴线相垂直，如图2-26所示。该元件有 W_c 匝，元件中电流为 i_a，每个元件的磁势为 i_aW_c（A），由该元件建立的磁场的磁力线分布如图2-25所示。如果将此电机从几何中性线处切开展平，如图2-26所示，以图中磁力线路径为闭合磁路，根据全电流定律可知，作用在这一闭合磁路的磁势等于它所包围的全电流 i_aW_c。当忽略铁磁材料的磁阻，并认为电机的气隙均匀时，则每个气隙所消耗的磁势为 $\frac{1}{2}i_aW_c$，一般取磁力线自电枢出、进定子时的磁势为正，反之为负，这样可得一个整距绕组元件产生的磁势的分布情况，如图2-27所示。可以看出，一个整距元件所产生的电枢磁势在空间的分布为一个以两个极距 2τ 为周期、幅值为 $\frac{1}{2}i_aW_c$ 的矩形波。

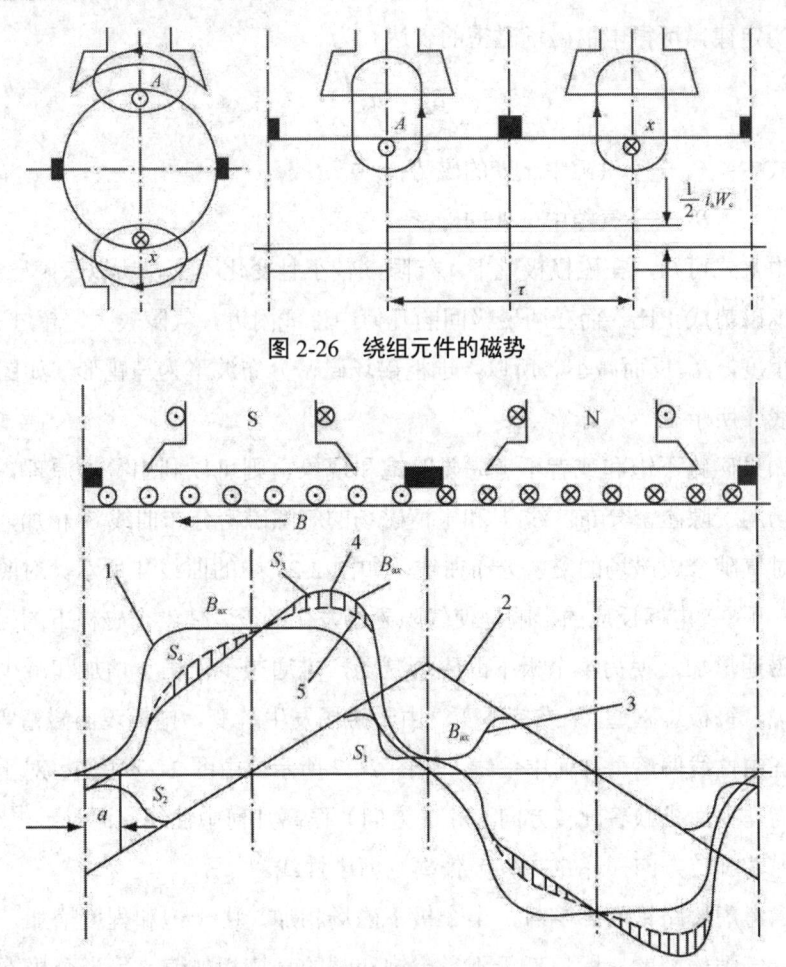

图 2-26 绕组元件的磁势

图 2-27 一个整距绕组元件产生的磁势的分布情况

当电枢绕组有许多整距元件均匀分布于电枢表面时，每一个元件产生的磁势仍是幅值为 $\frac{1}{2}i_aW_c$ 的矩形波，把多个矩形波磁势叠加起来，可得电枢磁势在空间的分布为一个以两个极距 2τ 为周期的多级阶梯形波，为分析简便起见或者在元件数目足够多时，可近似地认为电枢磁势空间分布为一个三角形波，三角形波磁势的最大值在几何中性线位置，磁极中心线处为零，如图

51

2-27 所示。

如果忽略铁芯中的磁阻，认为电枢磁势全都消耗在气隙上，则根据磁路的欧姆定律，可得电枢磁场磁密的表达式为

$$B_{ax} = \mu_0 \frac{F_{ax}}{\delta} \tag{2-6}$$

式中：F_{ax}——气隙中 x 处的磁势；

B_{ax}——气隙中 x 处的磁密。

由上式可知，在磁极极靴下，气隙 δ 较小且变化不大，所以气隙磁密 B_{ax} 与电枢磁势成正比，而在两磁极间的几何中性线附近，气隙较大，超过 F_{ax} 增加的程度，B_{ax} 反而减小。所以，电枢磁场磁密分布波形为马靴形，如图 2-27 中曲线 3 所示。

如果磁路不饱和或者不考虑磁路饱和现象，则可以利用叠加原理，将空载磁场的气隙磁密分布曲线 1 和电枢磁场的气隙磁密分布曲线 3 相加，得到负载时气隙合成磁场的磁密分布曲线，如图 2-27 中的曲线 4 所示。对照曲线 1 和 4 可知：电枢反应的影响是使气隙磁场发生畸变，使半个磁极下的磁场加强，磁通增加，使另半个极下的磁场减弱，磁通减少。由于增加和减少的磁通相等，每极总磁通 Φ 维持不变。由于磁场发生畸变，电枢表面磁密等于 0 的物理中性线偏离了几何中性线，如图 2-27 所示。由图 2-27 可知，对于发电机，物理中性线顺着旋转方向（n_F 的方向）偏离几何中性线；而对于电动机，则是逆着旋转方向（n_D 的方向）偏离几何中性线。

当考虑磁路饱和影响时，半个极下磁场相加，由于饱和程度增加，磁阻增大，气隙磁密的实际值低于不考虑饱和时的直接相加值；另半个极下磁场减弱，饱和程度降低，磁阻减小，气隙磁密的实际值略大于不考虑饱和时的直接相加值，实际的气隙合成磁场磁密分布曲线如图 2-27 中的曲线 5 所示。由于铁磁材料的非线性，曲线 5 与曲线 4 相比，减少的面积大于增加的面积，即半个极下减少的磁通大于另半个极下增加的磁通，使每极总磁通有所减少。

由以上分析可知，当电刷放在几何中性线上时，电枢反应的影响包括以

下两个方面：

①使气隙磁场发生畸变。半个极下磁场减弱，另半个极下磁场加强。发电机是前极端（电枢进入端）的磁场减弱，后极端（电枢离开端）的磁场加强；电动机则与此相反。气隙磁场的畸变会使物理中性线偏离几何中性线，发电机是顺旋转方向偏离，电动机则是逆旋转方向偏离。

②磁路饱和时，有去磁作用。因为当磁路饱和时，半个极下增加的磁通小于另半个极下减少的磁通，从而使每个极下总的磁通有所减少。

三、直流电机的分类

直流电机的种类比较多，按能量转换结果不同，可分为直流电动机和直流发电机；按是否装有电刷，可分为直流有刷电机和直流无刷电机。

直流电机的励磁方式不同，其运行特性和适用场合也不同。根据励磁方式的不同，直流电机可分为下列四种类型：

1. 他励直流电机

他励直流电机的励磁绕组由其他直流电源供电，与电枢绕组之间没有电的联系，如图2-28（a）所示。永磁直流电机也属于他励直流电机，因为其励磁磁场与电枢电流无关。

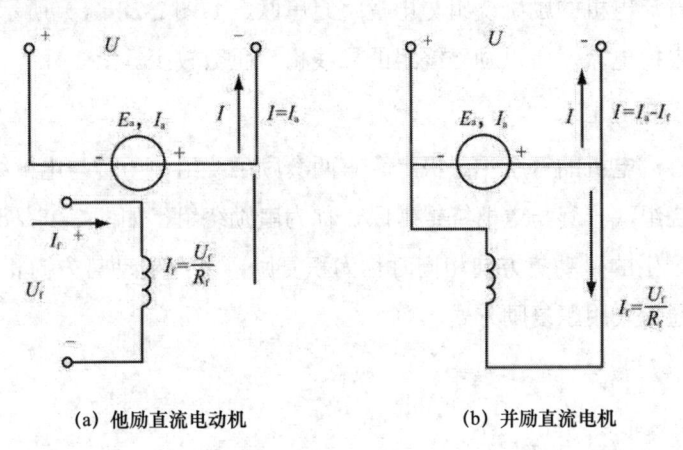

(a) 他励直流电动机　　　　(b) 并励直流电机

(c) 串励直流电机　　　　　(d) 复励直流电机

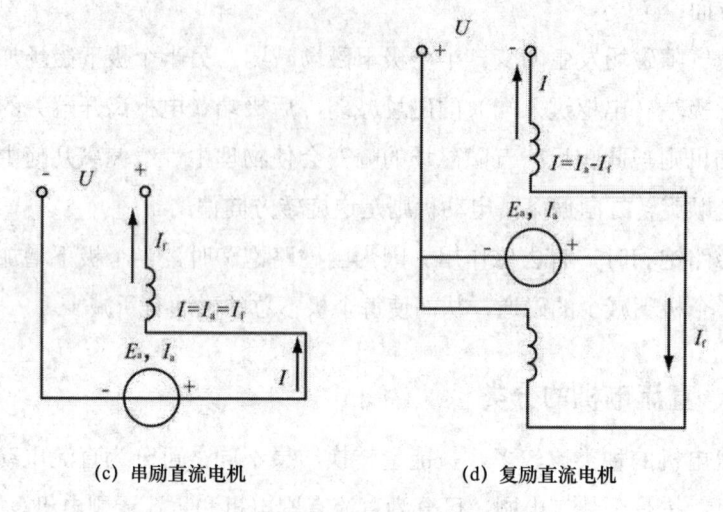

图 2-28　直流电机按励磁方式分类

2.并励直流电机

并励直流电机的励磁绕组与电枢绕组并联，如图 2-28（b）所示。其励磁电压等于电枢电压。

他励直流电机和并励直流电机的励磁电流只有电机额定电流的 1%～5%。

3.串励直流电机

串励直流电机的励磁绕组与电枢绕组串联，如图 2-28（c）所示。其励磁电流等于电枢电流，所以励磁绕组的导线粗而匝数较少。

4.复励直流电机

复励直流电机的每个主磁极上套有两套励磁绕组，一套与电枢绕组并联，称为并励绕组，一套与电枢绕组串联，称为串励绕组，如图 2-28（d）所示。两个绕组产生的磁动势方向相同时称为积复励，两个磁动势方向相反时称为差复励，通常采用积复励方式。

第三节 直流电机的换向

一、直流电机的换向过程和电磁理论

1.直流电机的换向过程

当直流电机的某一个元件经过电刷,从一条支路换到另一条支路时,元件里的电流方向改变的过程称为换向。为了方便分析,可忽略换向片之间的绝缘并假定换向片的宽度等于电刷的宽度。在图 2-29 中,电枢绕组以线速度 v_a 从右向左移动,电刷固定不动,则图中元件 1 的换向过程如下:

(1)当电刷完全与换向片 1 接触时,元件 1 中的电流方向如图 2-29(a)所示,大小为 $i=i_a$。

(2)当电枢绕组移到使电刷与换向片 2 接触时,元件 1 被短路,电流被分流,如图 2-29(b)所示。

(3)当电刷仅与换向片 2 接触时,元件 1 中的电流方向如图 2-29(c)所示,大小为 $i=-i_a$。

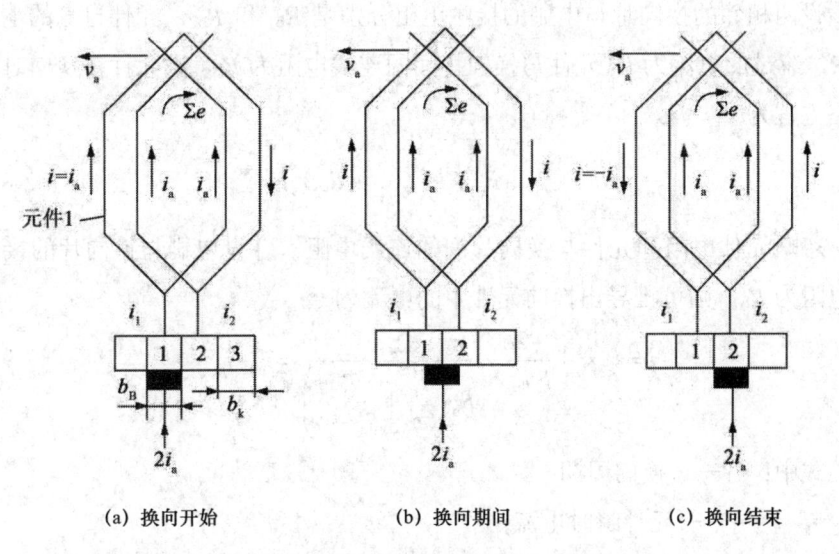

(a) 换向开始　　　　(b) 换向期间　　　　(c) 换向结束

图 2-29 直流电机的换向过程

元件从换向开始到换向结束所经历的时间，称为换向周期，以 T_k 表示。换向周期通常只有千分之几秒。直流电机在运行中，电枢绕组每个元件在经过电刷时都要经历换向过程。

换向问题很复杂，换向不良会使电刷与换向片之间产生火花。当火花大到一定程度时，可能损坏电刷和换向器表面，使电机不能正常工作。

2.直流电机换向的电磁理论

换向元件中存在自感电动势 e_L 和互感电动势 e_M，是由换向元件（线圈）在换向过程中因电流改变而产生的。在几何中性线处，由于存在电枢反应，电枢反应磁密不为零，在换向元件中感应切割电动势 e_a。根据楞次定律，自感电动势 e_L、互感电动势 e_M 和切割电动势 e_a 总是阻碍换向的。换向元件中还存在换向电动势 e_k，是指在几何中性线处，换向元件在换向磁场中感应的电动势。换向电动势是帮助换向的。

换向元件中的合成电动势为

$$\sum e = e_L + e_M + e_a - e_k \tag{2-7}$$

设两相邻的换向片与电刷的接触电阻分别是 R_{b1} 和 R_{b2}，元件自身的电阻为 R，流过的电流为 i，元件与换向片间的连线电阻为 R_k，则元件在换向时的回路方程为

$$Ri + (R_k + R_{b1})i - (R_k + R_{b2})i = \sum e \tag{2-8}$$

忽略元件电阻和元件与换向片间的连线电阻，并设电刷与换向片的接触总电阻为 R_b，则可推导出换向元件中的电流为

$$i = i_a \times \frac{T_k - 2t}{T_k} + \frac{\sum e}{R_b\left(\dfrac{T_k}{t} + \dfrac{T_k}{T_k - t}\right)} = i_1 + i_k \tag{2-9}$$

式中：T_k——换向周期；

i_1——元件瞬时电流；

i_k——电刷与换向片间的接触电流。

二、直流电机的换向种类和改善换向的方法

1.直流电机的换向种类

直流电机的换向有直线换向、延迟换向和超越换向 3 种类型，如图 2-30 所示。

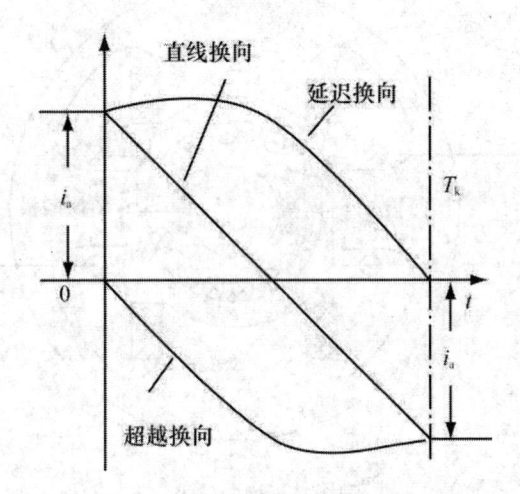

图 2-30　直流电机的换向种类

（1）直线换向：当 $\Sigma e=0$ 时，换向元件电流随时间线性变化。

（2）延迟换向：当 $\Sigma e>0$ 时，换向元件电流不会随时间线性变化，而是会出现电流延迟现象。

（3）超越换向：当 $\Sigma e<0$ 时，换向元件电流不会随时间线性变化，而是会出现电流超前现象。

2.直流电机改善换向的方法

除了直线换向，延迟换向和超越换向时的合成电动势不为零，换向元件中产生附加换向电流，附加换向电流足够大时会在电刷下产生火花。另外，机械和化学方面的因素也能引起换向不良，产生火花。改善换向一般采用以下方法：

（1）安装换向磁极。安装换向磁极是目前改善换向的有效方法。由于换向磁极产生的磁动势方向与电枢反应磁动势的方向相反，大小略大于电枢反

应磁动势，因此换向磁动势可以抵消电枢反应磁动势，剩余的换向磁动势产生的磁通会在换向元件中产生感应动势，其方向正好与电抗电势相反，叠加的结果可抵消，从而消除火花，改善换向。换向磁极如图 2-31 所示。

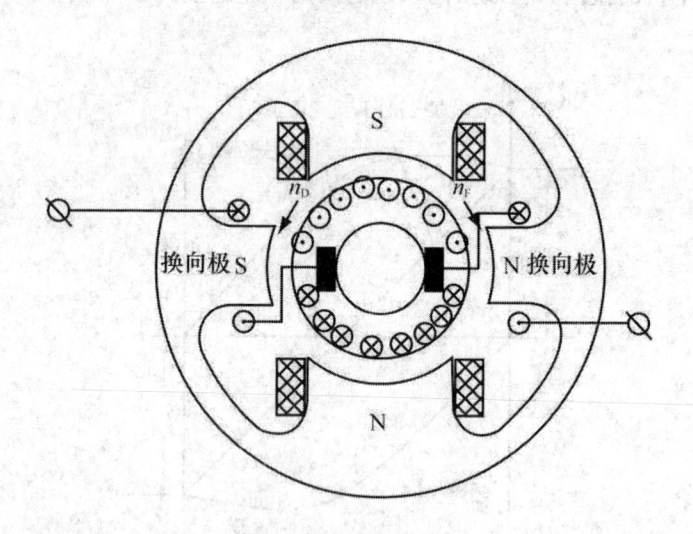

图 2-31 换向磁极

（2）安装补偿绕组。补偿绕组专门嵌在主磁极极靴下槽内，其绕组通过电刷与电枢绕组串联。连接的原则是保证其电流方向与该极下的电枢电流相反。它产生的磁动势与电枢磁动势相反，所以能补偿电枢反应的影响。

（3）调整电刷。在小容量的直流电机中，可适当地调整电刷以改善换向，将电刷从几何中心线移到物理中心线位，即当电动运行时，逆时针移刷；当发电运行时，顺时针移刷。

（4）合理选择电刷。电刷与换向片接触电阻是影响换向好坏的重要因素，其电阻值过大、过小都会导致不能正常换向。

第四节　他励直流电动机稳态运行的基本方程及特性

一、他励直流电动机稳态运行的基本方程

电动机带上某一负载，假设原来运行于某一转速，由于受到外界某种短时干扰，如负载的突然变化或电网电压的波动等，电动机的转速发生变化，离开原来的平衡状态。如果电动机在新的条件下仍能达到新的平衡或者当外界干扰消失后，电动机能自动恢复到原来的转速，就称该电动机能稳定运行，否则就称其不能稳定运行。当不能稳定运行时，即使外界干扰已经消失，电动机的速度也会一直上升或一直下降，直到停止转动。下面介绍他励直流电动机稳态运行的几个基本方程。

（1）电动势平衡方程为

$$E_a = U - I_a R_a \quad (2\text{-}10)$$

$$U = E_a + I_a R_a \quad (2\text{-}11)$$

$$I_a = \frac{U - E_a}{R_a} \quad (2\text{-}12)$$

$$E_a = K_E \Phi n \quad (2\text{-}13)$$

$$I_f = \frac{U_f}{R_f} \quad (2\text{-}14)$$

$$\Phi = f(I_f,\ I_a) \quad (2\text{-}15)$$

式中：U——电动机外加直流电压；

E_a——反电动势；

I_a——电枢电流；

I_f——励磁电流；

U_f——励磁电压；

R_f——励磁调节电阻；

Φ——主磁通；

K_E——与电机结构有关的常数，$K_E = \dfrac{PN}{2\pi a}$，其中 P 为磁极对数，N 为切割磁通的电枢总导体数；

n——电枢转速。

（2）转矩平衡方程为

$$T = T_2 + T_0 \tag{2-16}$$

$$T = K_T \Phi I_a \tag{2-17}$$

式中：T——电磁转矩；

T_0——空载转矩；

T_2——负载阻转矩；

K_T——与电机结构有关的常数，$K_T = 9.55 K_E$。

（3）功率平衡方程为

$$UI_a = E_a I_a + I_a^2 R_a \tag{2-18}$$

$$P_1 = P_e + P_{Cua} \tag{2-19}$$

式中：P_1——电源对电机输入的功率，$P_1 = UI_a$；

P_e——电机向机械负载转换的电功率，$P_e = E_a I_a$；

P_{Cua}——电枢回路总的铜损耗，$P_{Cua} = I_a^2 R_a$。

他励直流电动机的功率流程如图 2-32 所示。

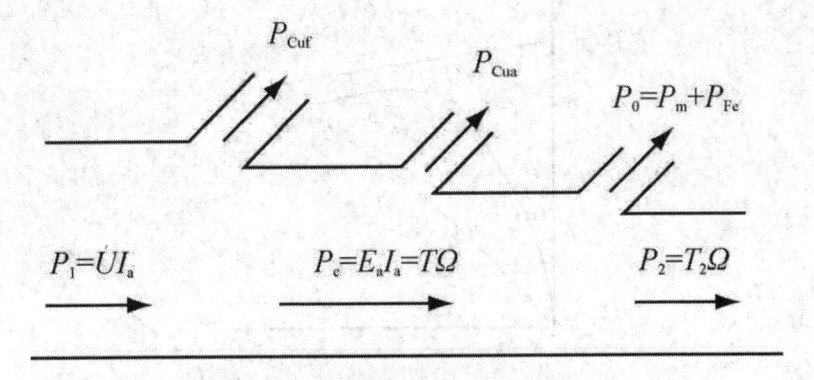

$$P_{Cuf} \quad P_{Cua} \quad P_0=P_m+P_{Fe}$$

$$P_1=UI_a \quad P_e=E_aI_a=T\Omega \quad P_2=T_2\Omega$$

图 2-32 他励直流电动机的功率流程图

$$T\Omega = T_2\Omega + T_0\Omega \tag{2-20}$$

$$P_e = P_2 + P_0 \tag{2-21}$$

$$\eta = 1 - \frac{P_\Sigma}{P_2 + P_\Sigma} \tag{2-22}$$

式中：P_e——电磁功率，$P_e=T\Omega$；

P_2——转轴输出的机械功率，$P_2=T_2\Omega$；

P_0——包括机械摩擦损耗 P_m 和铁损耗 P_{Fe} 在内的空载损耗，$P_0=T_0\Omega$；

P_Σ——总损耗，$P_\Sigma=P_{Cua}+P_m+P_{Fe}$。

二、他励直流电动机的特性

1.他励直流电动机的工作特性

他励直流电动机的工作特性（曲线如图 2-33 所示）是指当 $U=U_N$，$I_f=I_{fN}$ 时，电动机的转速 n、电磁转矩 T 以及效率 η 与电枢电流 I_a 之间的关系。

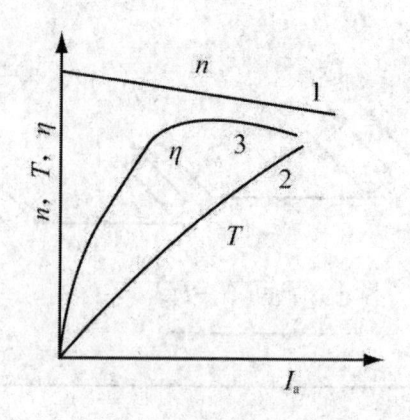

图 2-33 他励直流电动机的工作特性曲线

I_{fN} 是指当电动机加额定电压 U_N，拖动额定负载，使 $I_a=I_{aN}$，转速也为 n_N 时的励磁电流。

（1）转速特性：当 $U=U_N$，$I_f=I_{fN}$ 时，转速 n 和电枢电流 I_a 之间的关系称为转速特性，反映 $n=f(I_a)$ 的关系曲线称为转速特性曲线，如图 2-33 中曲线 1 所示，其关系式为

$$n = \frac{U_N}{K_E \Phi_N} - \frac{R_a}{K_E \Phi_N} I_a \qquad (2\text{-}23)$$

上式表明：当 I_a 增加时，转速 n 下降，但因 R_a 较小，转速 n 下降不多。随着电枢电流的增加，由于电枢反应的去磁作用，每极下的气隙磁通减小，转速反而增加。在一般情况下，电枢电阻压降 I_aR_a 的影响大于电枢反应的去磁作用的影响。

（2）转矩特性：当 $U=U_N$，$I_f=I_{fN}$ 时，电磁转矩 T 和电枢电流 I_a 之间的关系称为转矩特性，反映 $T=f(I_a)$ 的关系曲线称为转矩特性曲线，如图 2-33 中曲线 2 所示，其关系式为

$$T = K_T \Phi I_a \qquad (2\text{-}24)$$

当每极下的气隙磁通 $\Phi_N=\Phi$ 时，电磁转矩与电枢电流成正比，考虑到电枢反应的去磁作用，当 I_a 增加时，T 略有下降。

（3）效率特性：当 $U=U_N$，$I_f=I_{fN}$ 时，效率 η 和电枢电流 I_a 之间的关系

称为效率特性,反映 $\eta=f(I_a)$ 的关系曲线称为效率特性曲线,如图 2-33 中曲线 3 所示。由图可知:当 I_a 从零开始增加时,效率 η 逐渐增加,但当 I_a 增加到一定程度后,效率 η 又逐渐减小。直流电动机的效率为 0.75~0.94。

2. 他励直流电动机的机械特性

他励直流电动机的机械特性是指在电枢电压、励磁电流、电枢回路电阻为恒值的条件下,转速 n 与电磁转矩 T 之间的关系,即 $n=f(T)$。机械特性将决定电动机稳定运行、启动、制动以及调速的情况。

(1) 固有机械特性:电动机的工作电压和磁通均为额定值,电枢电路中没有串入附加电阻时的机械特性。其方程式为

$$n=\frac{U_N}{K_E \Phi_N}-\frac{R_a}{K_E \Phi_N}I_a \qquad (2-25)$$

固有机械特性如图 2-34 中 $R=R_a$ 的曲线所示,由于 R_a 较小,故他励直流电动机的固有机械特性较硬(是指电动机从空载到额定负载时,转速下降不多)。图中,n_0 为 $T=0$ 时的转速,称为理想空载转速,Δn_N 为额定转速降。

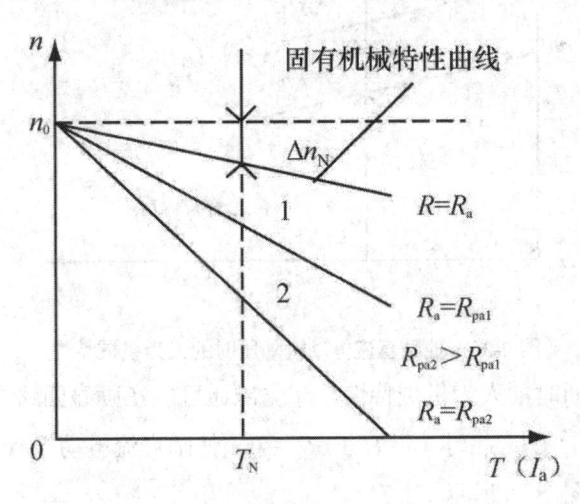

图 2-34 他励直流电动机固有机械特性及电枢串接电阻时人为机械特性

(2) 人为机械特性:人为地改变电动机参数(U、R、Φ)而得到的机械特性。他励直流电动机有以下 3 种人为机械特性:

①电枢串接电阻时的人为机械特性。此时 $U=U_N$,$\Phi=\Phi_N$,$R=R_a+R_{pa}$。人为机械特性与固有特性相比,理想空载转速 n_0 不变,但转速降 Δn 相应增大。R_{pa} 越大,Δn 越大,特性越软,如图 2-34 中曲线 1、2 所示。可见,电枢回路串入电阻后,在同样大小的负载下,电动机的转速将下降,稳定在低速运行。

②改变电枢电压时的人为机械特性。此时 $R_{pa}=0$,$\Phi=\Phi_N$。由于电动机的电枢电压一般以额定电压 U_N 为上限,因此改变电压,通常只能使其在低于额定电压的范围内变化。与固有机械特性相比,转速降 Δn 不变,但理想空载转速 n_0 随电压成正比减小。他励直流电动机降压时的人为机械特性如图 2-35 所示。

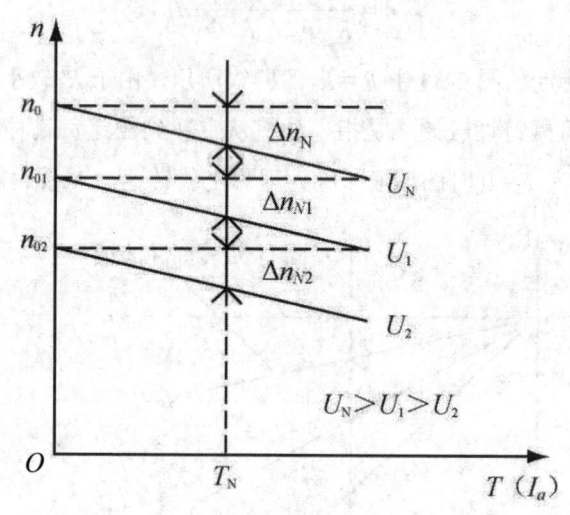

图 2-35 他励直流电动机降压时的人为机械特性

③减弱磁通时的人为机械特性。减弱磁通可以在励磁回路内串接电阻 R_f 或降低励磁电压 U_f,此时 $U=U_N$,$R_{pa}=0$。他励直流电动机减弱磁通时的人为机械特性如图 2-36 所示。

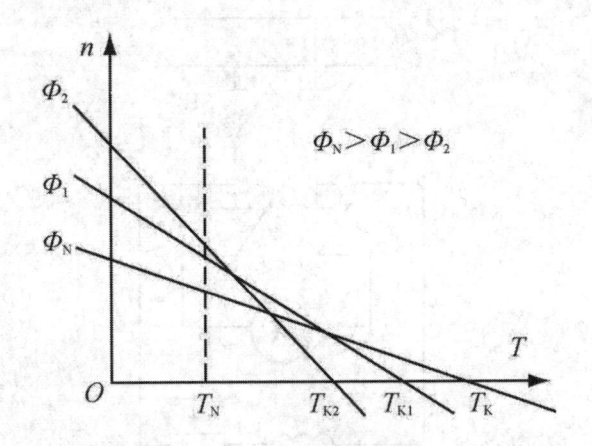

图 2-36　他励直流电动机减弱磁通时的人为机械特性

当减弱磁通时，理想空载转速 n_0 增加，转速降 Δn 也增加。通常在负载不是太大的情况下，减弱磁通可使他励直流电动机的转速升高。

第五节　他励直流电动机的控制

一、他励直流电动机的启动

直流电动机从静止状态到稳定运行状态的过程称为直流电动机的启动过程。影响启动过程的因素主要包括启动电流 I_a 的大小、启动转矩 T_{st} 的大小、启动时间 t 的长短、启动过程的平稳程度、启动过程的经济性等。

电机拖动负载启动的一般条件是 $I_{st} \leqslant (2 \sim 2.5) I_N$，$T_{st} \geqslant (1.1 \sim 1.2) T_N$。

他励直流电动机的启动方式有直接启动、降压启动、电枢回路串电阻启动 3 种。

1. 直接启动

直接启动是指在启动前先接通励磁回路，以建立励磁磁场，然后接通电枢回路，如图 2-37 所示。

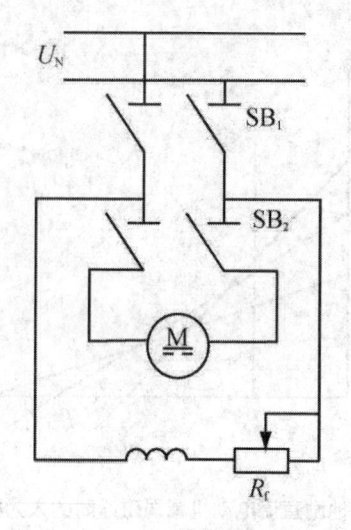

图 2-37 直接启动电路图

在启动瞬间，电机转速 $n=0$，反电动势 $E_a=0$，启动电流为

$$I_{st} = \frac{U_N}{R_a} \tag{2-26}$$

由于电枢电阻 R_a 很小，I_{st} 很大，可达 I_N 的 10～50 倍，该电流对电网的冲击很大。因此，除了小容量的电动机可采用直接启动，大中容量的电动机不宜采用此种启动方式。

2.降压启动

降压启动是指在启动瞬间，把加于电枢两端的电源电压降低，以减少启动电流 I_{st}。为了获得足够的启动转矩 T_{st}，一般将启动电流限制在 $(2\sim 2.5)I_N$ 以内。

在启动时，电源电压一般应降低到 $U=(2\sim 2.5)I_N \times R_a$。随着转速上升，电枢电势 E_a 逐渐加大，电枢电流 I_a 相应减小，此时再将电源电压不断升高。降压启动特性如图 2-38 所示。

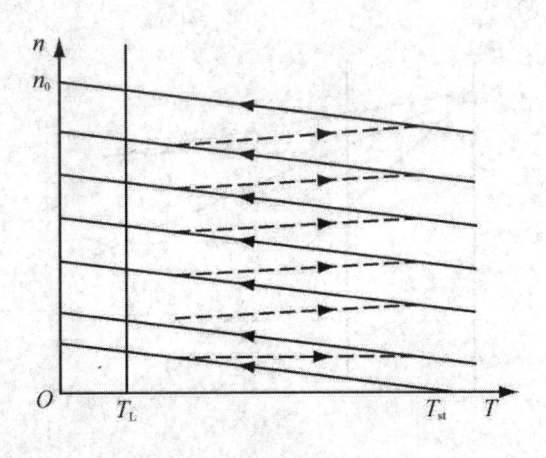

图 2-38 降压启动特性

3.电枢回路串电阻启动

电枢回路串电阻 R，启动电流为

$$I_{st} = \frac{U_N}{R_a + R} = (2 \sim 2.5) I_N \qquad (2\text{-}27)$$

为了保持启动过程的平稳性，实现串入电阻的平滑调节，可采用将启动电阻分段切除的方法。他励直流电动机自动启动电路如图 2-39 所示。图中 R_1、R_2 为各级串入的启动电阻，KM_1、KM_2 为线路接触器，用它们的常开主触头接各段电阻以启动接触器。他励直流电动机自动启动过程中的机械特性如图 2-40 所示。

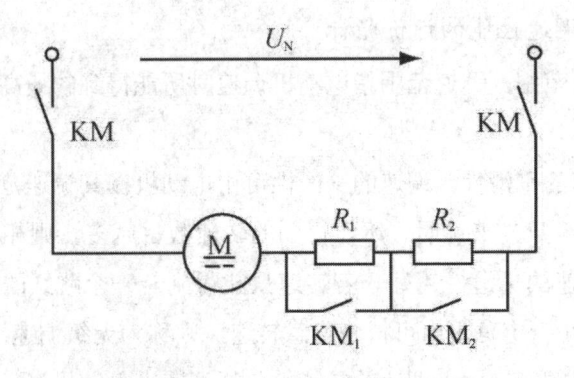

图 2-39 他励直流电动机自动启动电路图

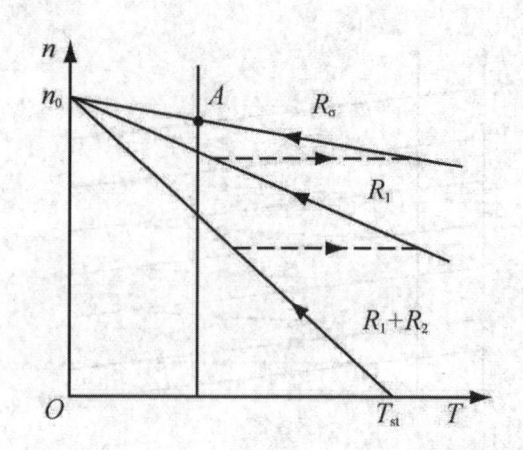

图 2-40 他励直流电动机自动启动过程中的机械特性

二、他励直流电动机的调速

1. 调速的概念

调速是指在一定的负载下，根据生产工艺的要求，人为地改变电动机的转速。

生产机械的速度调节可以采用机械方法，但机械变速机构复杂。在现代电力拖动系统中，多采用电气调速方法，即对拖动生产机械的电动机进行速度调节，其优点是可以简化机械结构，提高生产机械的传动效率，操作简便，调速性能好，能实现自动控制等。

2. 电动机调速性能的评价指标

（1）调速范围。调速范围指电动机调速时所能得到的最高转速与最低转速之比，如 10∶1。

（2）调速的平滑性。调速的平滑性可由电动机在其调速范围内能得到的转速的数目（级数）来说明。所能得到的转速数目越多，则相邻两个转速的差值越小，调速的平滑性越好。若转速只能得到若干个跳跃的调节，则称为有级调速；若在一定范围内可得到任意转速，则称为无级调速。

（3）调速的经济性。调速的经济性包括调速设备的投资、电能的损耗、运转的费用等。

（4）调速的稳定性。调速的稳定性由负载变化时转速的变化程度来衡量。电动机机械特性越硬，稳定性越高。

（5）调速方向。所采用的调速方法是使转速比额定转速（基本转速）高的，称为向上调速；使转速比额定转速（基本转速）低的，则称为向下调速。

（6）调速时允许的负载。在调速时，不同的生产机械需要的功率和转矩是不同的。有的要求电动机在各种转速下都能输出同样的机械功率。例如，金属切削机床要求在精加工小进刀量时工件转速高，在粗加工大进刀量时转速低。由于机械功率是由转矩与转速的乘积决定的，因此要求电动机具有恒功率调速。有的生产机械，如起重机，要求电动机在各种转速上都能输出同样的转矩，即恒转矩调速。

3. 他励直流电动机的调速方法

由直流电动机的机械特性方程可知，改变 R_a、Φ、U 中的任意一个参数都可以使转速 n 发生变化，所以直流电动机的调速方法有 3 种。下面讨论他励直流电动机的调速方法。

他励直流电动机的电枢电路电压平衡方程式为

$$E_a = U - I_a(R_a + R) \tag{2-28}$$

电枢电动势方程为

$$E_a = K_E \Phi n \tag{2-29}$$

由上两式可得转速公式为

$$n = \frac{U - I_a(R_a + R)}{K_E \Phi} \tag{2-30}$$

由上式可知，调速方式有 3 种。

（1）电枢串电阻调速：保持电源电压 U 和励磁电流 I_f 为额定值，在电枢电路中串联不同的电阻值，通过改变所串电阻 R 的大小来改变电枢电路的电阻值，进而改变电枢电流 I_a，从而实现调速。电枢串电阻调速如图 2-41 所示。显然，保持 $U=U_N$，$\Phi=\Phi_N$，n_0 不变，调节所串电阻 R 的大小即可改变转速 n。

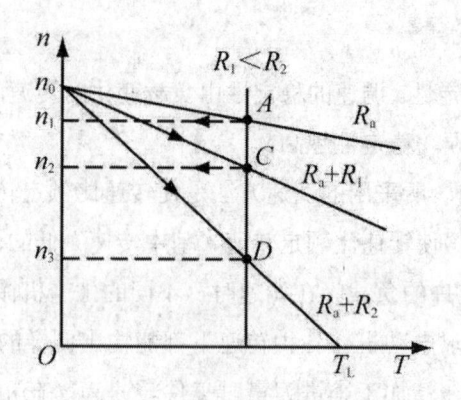

图 2-41　电枢串电阻调速图

①当 $R=0$ 时，电动机运行于固有机械特性的基速上，基速是指运行于固有机械特性上的转速。随着串入电阻的增加，转速降低，串电阻调速为从基速下调。

②当串电阻调速时，如果负载为恒转矩，电动机运行于不同的转速 n_1、n_2、n_3 时，电动机的电枢电流 I_a 是不变的，这时电磁转矩为

$$T = K_T \Phi_N I_a \tag{2-31}$$

当 $T=T_L$ 时，电枢电流为

$$I_a = \frac{T}{K_T \Phi_N} = \frac{T_L}{K_T \Phi_N} \tag{2-32}$$

当 T_L 为常数时，I_a 为常数，与转速无关。

③当串电阻调速时，由于 R 上流过很大的电枢电流 I_a，R 上将有较大的损耗，转速越低，损耗越大。

④当串电阻调速时，电机工作于一组机械特性上，各条特性曲线经过相同的理想空载点 n_0，但斜率不同。R 越大，斜率越大，特性越软，电机在低速运行时稳定性越差。

（2）降低电源电压调速，保持 Φ 不变，$R=0$。

改变电源电压，可得到一簇与固有机械特性曲线平行的且低于固有机械特性曲线的人为机械特性曲线。降低电源电压，电动机的机械特性曲线斜率

不变,即硬度不变,如图 2-42 所示。与电枢串电阻调速相比,降低电源电压调速在低速范围运行时,转速稳定性要好得多。在恒转矩负载情况下,对于不同转速,电枢电流 I_a 不变。

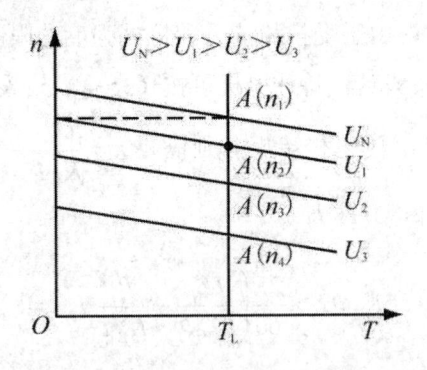

图 2-42 降低电源电压调速图

（3）改变励磁磁通的弱磁调速,保持 $U=U_N$,$R=0$。

保持电源电压 U 为额定值,在励磁电路中串联一个调速变阻器 R_c,改变励磁电流 I_f 以改变磁通 Φ 进行调速,这又称为调磁调速。

由机械特性方程可见,磁通 Φ 减小时,n_0 升高,Δn 与 Φ^2 成反比增加,所以磁通 Φ 减小,机械特性曲线升高,机械特性变软,如图 2-43 所示。在一定负载下,Φ 减小,则 n 升高。由于电动机在额定运行时,磁路已趋饱和,所以通常只是减小磁通 Φ,转速 n 上调,故称为弱磁调速。

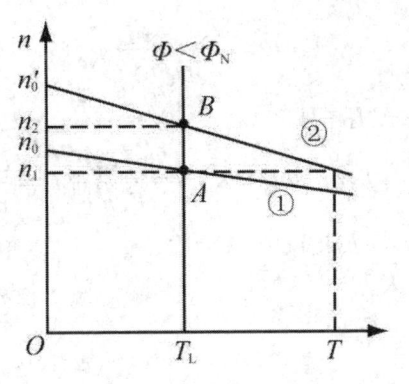

图 2-43 弱磁调速图

弱磁调速有如下特点：

①励磁回路所串的调节电阻的损耗很小，可借助于连续调节 R_f 值，实现基速上调的无级调速。

②在弱磁调速时，由于受换相能力和机械强度的限制，转速不能过高。一般按（1.2～1.5）n_N 设计，特殊电机可按（3～4）n_N 设计。

③在弱磁调速时，转速和转矩分别满足 $n = \dfrac{U_N}{K_E \Phi} - \dfrac{R_a}{K_E \Phi} I_a$、$T = K_T \Phi I_a = 9.55 K_E \Phi I_a$，则电机的电磁功率为

$$P_e = T\Omega = 9.55 K_E \Phi I_a \times \dfrac{2\pi}{60} \left(\dfrac{U_N}{K_E \Phi} - \dfrac{R_a}{K_E \Phi} I_a \right) = U_N I_a - I_a^2 R_a \tag{2-33}$$

如果电动机拖动恒功率负载，即 $P_e = T_L \Omega =$ 常数，则 $I_a =$ 常数。

4.他励直流电机的功率和转矩问题

（1）降低电源电压调速按恒转矩调速。在调速时，$\Phi = \Phi_N$，因此电机允许输出转矩为 $T_{a1} = K_T \Phi_N I_N =$ 常数，称为恒转矩输出，此时允许的输出功率为

$$P_{a1} = T_N \Omega = T_N \dfrac{2\pi n}{60} = \dfrac{1}{9.55} T_N n \tag{2-34}$$

（2）改变励磁磁通的弱磁调速按恒功率调速。在弱磁调速时，$U = U_N$、$I_a = I_N$。磁通 Φ 与转速 n 的关系为

$$\Phi = \dfrac{U_N - I_N R_a}{K_E n} \tag{2-35}$$

将上式带入 $T = K_T \Phi I_a$，有

$$T = K_T \Phi I_a = K_T \cdot \dfrac{U_N - I_N R_a}{K_E n} I_a = \dfrac{C}{n} \tag{2-36}$$

式中，$C = \dfrac{K_T (U_N - I_N R_a)}{K_E} I_a$。

将 $T = \dfrac{C}{n}$ 代入，有

$$P = \frac{T}{9.55} \cdot n = \frac{C}{n} \cdot \frac{n}{9.55} = \frac{C}{9.55} = 常数$$

由上可见：在弱磁调速时，当恒功率负载时，允许输出转矩 T_{a1} 与转速 n 成反比例关系。恒转矩和恒功率，是在保持电枢电流为额定值，对电动机的输出功率和转矩而言的。

表 2-1 对他励直流电机的 3 种调速方法进行了比较。

表 2-1 他励直流电机 3 种调速方法比较

调速方法	电枢串电阻调速	降低电源电压调速	改变励磁磁通的弱磁调速
调速方向	基速下调	基速下调	基速上调
$\delta<50\%$ 时调速范围（D 值）	约为 2	约 10~12	1.2~2（一般）；3~4（特殊，与 δ 无关）
转速稳定性	差	好	较好
负载能力	恒转矩	恒转矩	恒功率
调速平滑性	有级较差	无级调速好	无级调速较好
设备初投资	少	多	较多
电能损耗	多	较少	少

三、他励直流电动机的制动

他励直流电动机的制动就是指在一定的负载下，根据生产工艺的要求，人为地改变电动机的参数，使得电动机工作于制动状态，并将机械能转换为电能，使电动机转速为零，或稳定地工作于某一状态。

他励直流电动机的制动可以采取机械方法进行，但机械变速机构复杂，因此在现代电力拖动系统中，多采用电气制动方法，即对拖动生产机械的电动机进行制动调节。电气制动方法的优点是可以简化机械结构，提高生产机械的传动效率，操作简便，调速性能好，能实现自动控制等。

1. 两种运转状态

（1）电动运转状态：电动机转矩 T 的方向与旋转方向相同，电源向电动机输入电能。

（2）制动运转状态：转矩 T 与转速 n 的方向相反，电动机吸收机械能并将其转化为电能。

2. 电气制动方法

电气制动方法有能耗制动、反接制动和回馈制动（或称再生制动）等。应用电气制动方法可以使电动机产生一个负的转矩（即制动转矩），以增加减速度，使系统较快地停下，也可以使位能负载的工作机构获得稳定的下放速度。

（1）能耗制动。在制动开始时，由于电动机的惯性作用，n 不变，故 E_a 的大小和方向不变，则

$$I_a = -\frac{E_a}{R_a + R}$$

电枢电流为负值，与电动状态的正方向相反，转矩 T 与电动状态相反，则 T 与 n 也相反，电动机为制动运行状态，T 为制动转矩。他励直流电动机电动状态和制动状态的电路如图 2-44 所示。

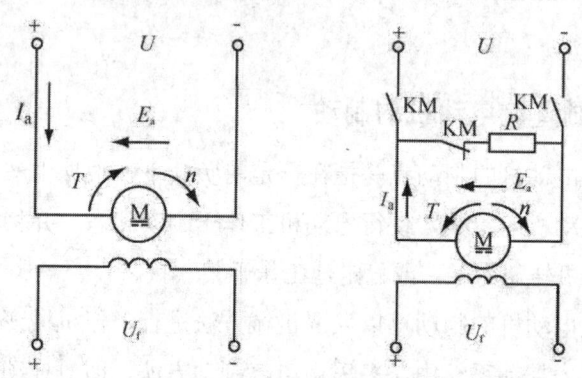

图 2-44 他励直流电动机电动状态和制动状态的电路

在制动过程中，电动机把系统的动能转换为电能，消耗在电阻 R 和电枢回路的电阻 R_a 上，所以称为能耗制动。能耗制动状态下的机械特性方程为

$$n = -\frac{R_a + R}{K_E K_T \Phi_N^2} T = -\beta T \qquad (2-37)$$

上式的曲线位于机械特性的第二象限，过坐标原点。在制动前，电动机工作于 A 点，$n=n_1$。在制动开始时，n_1 不能突变，电动机工作于 B 点，T_1 为负值，在 $-T$、$-T_L$ 作用下，电动机减速。

能耗制动机械特性如图 2-45 所示。制动电阻 R 越小，固有机械特性曲线越平，T_1 的绝对值越大，电动机的制动减速越快。R 过小，电枢电流 I_a 和转矩 T_1 过大，可能超过允许值，R 应受限制。其工作原理如图 2-46 所示。

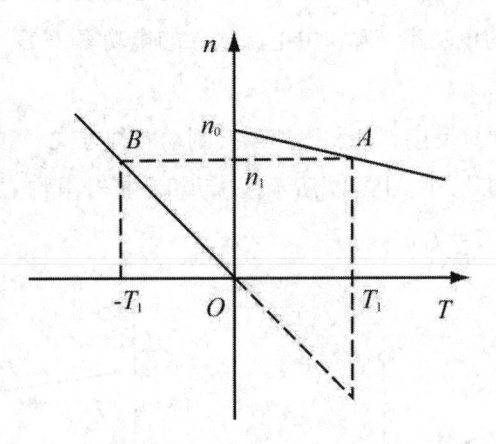

图 2-45　能耗制动机械特性

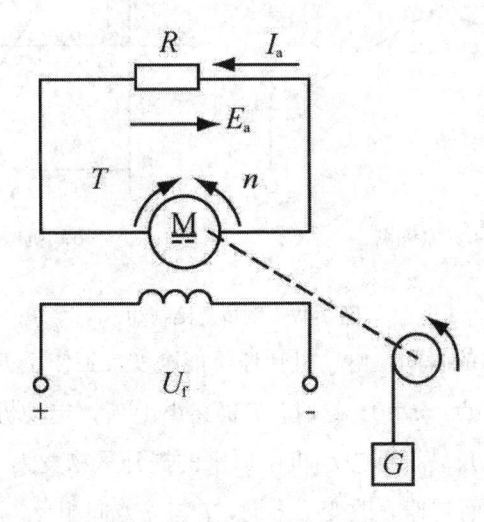

图 2-46　能耗制动工作原理

一般应按最大制动电流不超过 $2I_N$ 来选择 R，即

$$R_a + R \geqslant \frac{E_N}{2I_N} \approx \frac{U_N}{2I_N}$$

$$R \geqslant \frac{U_N}{2I_N} - R_a$$

（2）反接制动。使 U_a 与 E 的作用方向变为一致，共同产生电枢电流 I_a，由动能转换而来的电功率 EI_a 和由电源输入的电功率 U_aI_a 一起消耗在电枢电路中。

反接制动有倒拉反接制动和电枢反接制动两种方式。

①倒拉反接制动，如图 2-47 所示，电动机在提升重物 G 时，工作于 A 点，当转速 n 平衡时，$T=T_L$。

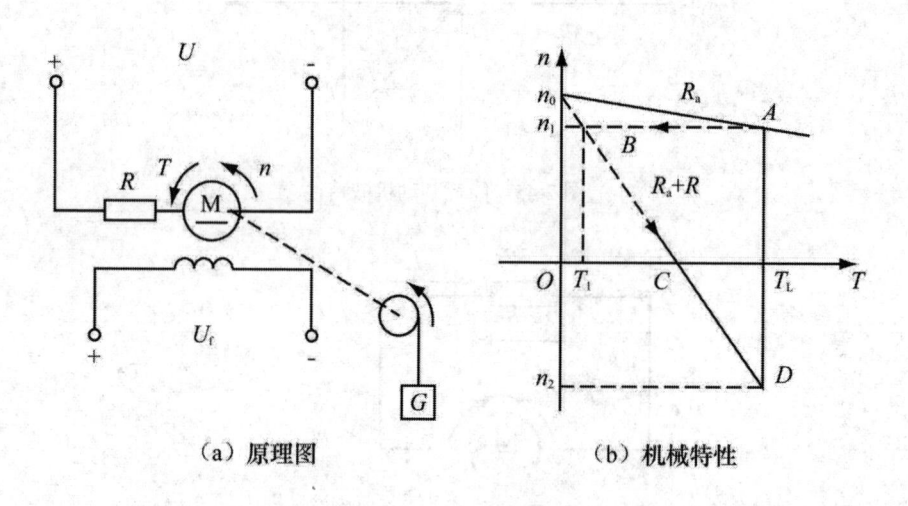

图 2-47 倒拉反接制动

（a）原理图　　　　（b）机械特性

在串入电阻 R 的瞬间，电动机转速不能突变，工作于 B 点，$T<T_L$，电动机减速，下降到 C 点，$n=0$。这时，T 仍然小于 T_L，电动机在转矩 $|T_L-T|$ 的作用下倒拉电动机反转，即电动机由原来的提升重物变为下放重物。电动机的 T 未改变方向，而转速 n 改变了方向，T 与 n 方向相反，因此电动机运行于

制动状态，T 为制动转矩。由于 n 反向，电枢电势 E_a 也反向，I_a 为

$$I_a = \frac{U-(-E_a)}{R_a+R} = \frac{U+E_a}{R_a+R} \tag{2-38}$$

过 C 点后，由于 $T<T_L$，电动机反向加速，使 E_a 增大，I_a 和 T 相应加大，直到 D 点，$T=T_L$，倒拉反接制动达到某一制动运行状态。此时，电动机转速 $n=n_2$。电势平衡方程为

$$U + E_a = I_a(R_a+R) \tag{2-39}$$

两边同乘 I_a 得

$$UI_a + E_aI_a = I_a^2(R_a+R) \tag{2-40}$$

UI_a 是电源输入功率，E_aI_a 为位能负载产生的机械功率在电枢内转换成的电功率。这两项电功率之和转换成热能消耗在电枢回路总电阻（R_a+R）上，R 越大，稳定下放重物速度越快。机械特性方程为

$$n = n_0 - \frac{R_a+R}{K_E K_T \Phi_N^2} T \tag{2-41}$$

②电枢反接制动，如图 2-48 所示，当正转时，KM_1 接通，电动机工作于 A 点，$T=T_L$。

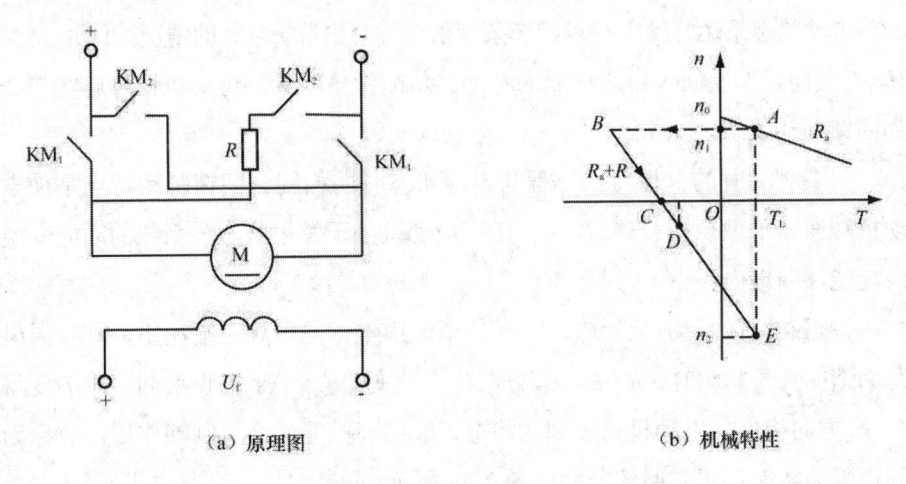

（a）原理图　　　　（b）机械特性

图 2-48　电枢反接制动

在停机时,断开 KM₁,接通 KM₂,n 不能突变,电动机工作于 B 点,此时有

$$I_a = \frac{-U-E_a}{R_a+R} = -\frac{U+E_a}{R_a+R} \qquad (2\text{-}42)$$

I_a 变为负值,T 也变为负值。T 与 n 反向,T 为制动转矩。在电磁制动转矩和负载转矩的共同作用下,电动机迅速停车。

电枢反接制动的机械特性方程为

$$n = \frac{U}{K_E\Phi_N} - \frac{R_a+R}{K_EK_T\Phi_N^2}T = n_0 - \frac{R_a+R}{K_EK_T\Phi_N^2}T \qquad (2\text{-}43)$$

在式(2-43)中,由于电枢反接制动时,U 反向,n_0 为负值,T 也为负值,而 n 为正值,特性曲线位于第二象限,工作点由 B 沿特性曲线下降到 C 点,电动机停转。如果使电动机反向运行,则当 $T=T_L$ 时,电动机将稳定运行于 E 点。为保证反接制动时电枢最大电流不超过 $2I_N$,应使电枢回路总电阻满足以下条件,即

$$R_a+R \geqslant \frac{U_N+E_a}{2I_N} \approx \frac{2U_N}{2I_N} = \frac{U_N}{I_N} \qquad (2\text{-}44)$$

(3)回馈制动

电动状态下运行的电动机,在某种条件下会出现 $n>n_0$ 的情况,此时 $E_a>U$,I_a 反向,T 反向,由驱动变为制动。从能量角度看,电动机由发电状态变为回馈制动状态。

回馈制动时的机械特性方程与电动状态时的相同。回馈制动特点是使电动机转速高于理想空载转速,$E_a>U$,电动机处于发电状态,系统的动能变换成电能,回馈电源。

①正向回馈制动。当 $E_a>U$ 时,电流由电枢向电源正端流出,具有向电源回馈的性质。此时,n、E、U_a 方向都未改变,I_a 反向,T 也反向,即 T 变得与 n 方向相反,电动机处于制动状态,既回馈电能,又有制动作用,故称为回馈制动状态。正向回馈制动如图 2-49 所示。

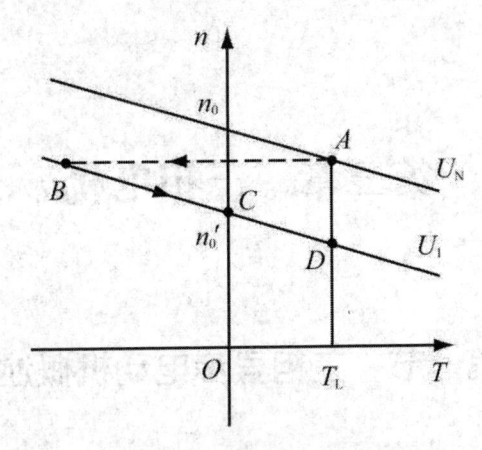

图 2-49 正向回馈制动

回馈制动运行实质即电枢将轴上输入的机械功率变为电磁功率 E_aI_a 后,大部分回馈给电源 UI_a,小部分变为电枢回路的铜损耗 $I_a^2(R_a+R_W)$,电动机变为一台与电源并联运行的发电机。

回馈制动可用于转速高于理想空载转速情况下的位能负载下放。

②反向回馈制动。反向回馈制动虽与电压反向反接制动电路相同,但制动时 n、E、I_a、T 的方向不同。在反向回馈时,由于 n 反向,E 反向,且 $E>U_a$,I_a 反向,T 反向,电动机处于发电状态,回馈电能。

第三章 三相电机

第一节 三相异步电动机概述

一、异步电动机的转速与运行状态

已知异步电动机转子是顺磁场转向，且有 $n_0 \neq n$，由于 i_2 是导体切割磁感线而产生的，n_0 与 n 要有相对运动（n_0-n），即存在转差，所以异步电动机 $n < n_0$ 是必要条件。转差率 s 的计算式为

$$s(\%) = \frac{n_0 - n}{n_0} \times 100\% \tag{3-1}$$

转差率 s 是异步电动机的一个基本参量。在一般情况下，异步电动机的转差率变化不大，空载转差率在 0.5% 以下，满载转差率在 5% 以下。

下面通过转差率的值讨论电动机的运行状态，如图 3-1 所示。

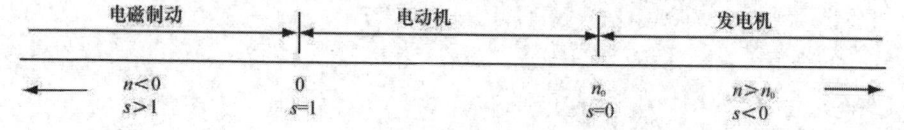

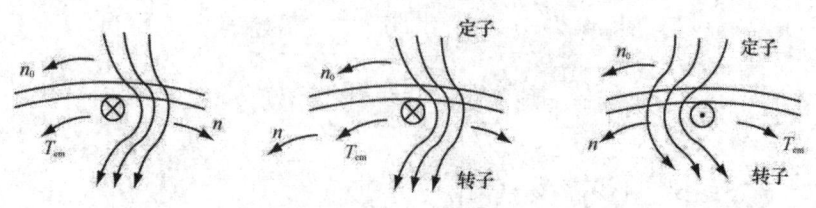

图 3-1 电机的运行状态

（1）电动状态：$n < n_0$，$0 < s < 1$，s 为正；n_0、n、T_{em} 方向相同，T_{em} 表

现为驱动性。此时，电动机处于将电能转换为机械能的运行过程。

（2）发电状态：$n>n_0$，$0>s>-\infty$，s 为负；外力拖动转子加速，n_0、n 方向相同，T_{em} 与 n 方向相反，T_{em} 表现为制动性。此时，电动机处于将机械能转换为电能的运行过程。

（3）制动状态：外力拖动转子反转，输入机械能和电能全部转换为内部损耗，消耗能量较大。此时，$n<0$，$1<s<+\infty$，s 为正；n_0、n 方向相反，T_{em} 与 n 方向相反，T_{em} 表现为制动性。

二、三相异步电动机的旋转磁场

三相异步电动机的磁路是：定子铁芯→气隙→转子铁芯→气隙→定子铁芯。由于气隙存在，磁路磁阻比变压器大，相应的励磁电流较大。对于一般变压器，I_m 为 $(0.03\sim0.08)I_{1N}$，电机的 I_m 为 $0.2I_{1N}$，某些小电机的 I_m 可达 $0.5I_{1N}$。

三相异步电动机工作的首要条件就是存在旋转磁场。对磁场的要求是：磁场的极性不变、大小不变、转速不变（稳定的转速 n_0）。旋转磁场是定子绕组按一定规律排列而产生的。理论与实践均证明，在三相对称绕组中通入三相对称电流后，空间才能产生旋转磁场。

两极旋转磁场如图 3-2 所示：

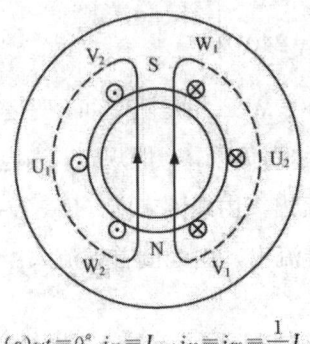

(a) $\omega t=0°$，$i_U=I_m$，$i_V=i_W=\frac{1}{2}I_m$

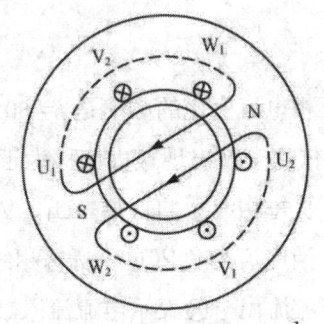

(b) $\omega t=120°$，$i_V=I_m$，$i_U=i_W=\frac{1}{2}I_m$

(c) $\omega t = 240°$, $i_W = I_m$, $i_U = i_V = \dfrac{1}{2}I_m$ (d) $\omega t = 360°$, $i_U = I_m$, $i_V = i_W = \dfrac{1}{2}I_m$

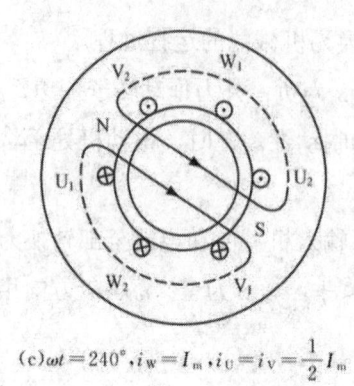

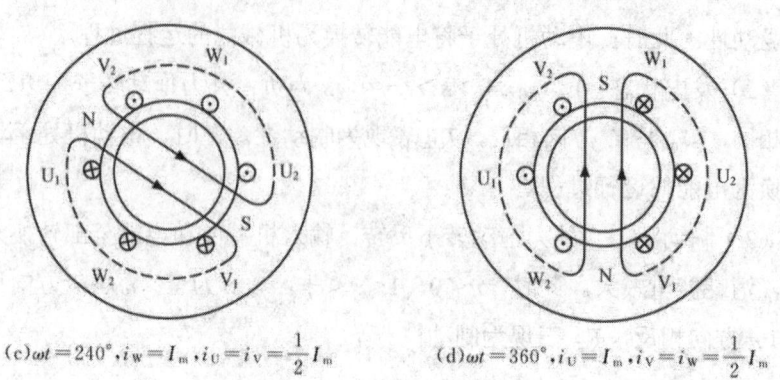

图 3-2 两极旋转磁场

（1）三相定子绕组头尾标志为：U_1-U_2，V_1-V_2，W_1-W_2。

（2）三相定子绕组按 $U_1-W_1-V_1-U_2-W_2-V_2$ 的顺序放入定子槽内，使之空间上互差 120°。

所以，定子的每相绕组可能不止一个线圈，每个线圈也不是一匝；最简单的定子绕组是每相一个线圈，三相绕组共 3 个线圈、6 个线圈边，定子上开有 6 个槽。

三相电流的表达式为

$$\left. \begin{array}{l} i_U = I_m \cos \omega t \\ i_V = I_m \cos(\omega t - 120°) \\ i_W = I_m \cos(\omega t - 240°) \end{array} \right\} \quad (3\text{-}2)$$

三相电流变化的频率是 $f=50$ Hz。U、V、W 三相是随时间 t 变化的，U、V、W 依次交替出现最大值称为正序，反之称为负序。一般规定：当电流为正值时，从每相线圈的首端（U_1、V_1、W_1）流出，由线圈末端（U_2、V_2、W_2）流入；当电流为负值时，从每相线圈的末端流出，由线圈首端流入。符号 ⊙ 表示电流流出，⊗ 表示电流流入。

当电流变化一个周期 360° 时，磁场在空间中转一圈（360°）。若电流每秒变化 f_1 周，磁场转 n_0 转，即 $n_0 = f_1$（r/s），时间单位习惯上用分钟，即 $n_0 =$

$60f_1$（r/min），我们称 n_0 为同步转速。例如，对于二极电机，$p=1$，$n_0=60f_1=3\,000$（r/min）。

下面以四极电机为例分析其磁场的状态，如图 3-3 所示。

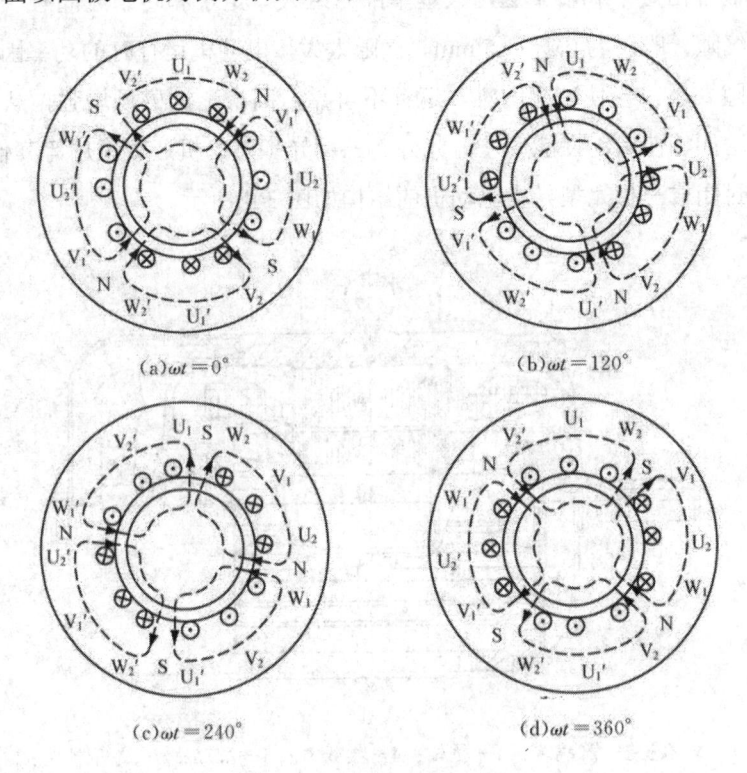

图 3-3 四极旋转磁场

由此可见，四极旋转磁场有如下特点：

（1）电流变化一周 360°，磁场在空间只旋转半圈（180°）。

（2）转向仍为逆时针，即正转。

由两极旋转磁场和四极旋转磁场的特点可知，电机极数多，磁场转速慢。其原因为：每个线圈只占 $\frac{1}{4}$ 圆周，较两极电机少一半，一个极矩是 180°，电流变化一周是 360°，导体应当经过一对极。现在一对极只占半个圆周，故磁场转动速度较两极电机慢一半。

三、三相异步电动机的基本结构

三相异步电动机的种类很多，但各类三相异步电动机的基本结构是相同的，它们都由定子和转子这两大基本部分组成。定子和转子之间有一定的气隙，该气隙一般仅为 0.2～1.5 mm。气隙太大，电动机运行时的功率因数会降低；气隙太小，会使装配困难，运行不可靠，高次谐波磁场增强，从而使附加损耗增加，使启动性能变差。此外，三相异步电动机还有风扇等其他部分。例如，封闭式三相笼型异步电动机的结构如图 3-4 所示。

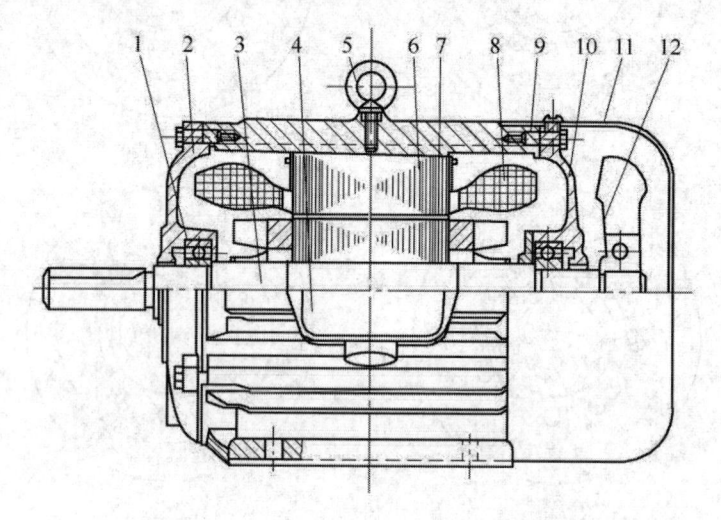

1—轴承；2—前端盖；3—转轴；4—接线盒；5—吊环；6—定子铁芯；
7—转子；8—定子绕组；9—机座；10—后端盖；11—风罩；12—风扇。

图 3-4 封闭式三相笼型异步电动机结构图

1.定子部分

定子是用来产生旋转磁场的。三相异步电动机的定子一般由外壳、定子铁芯、定子绕组等部分组成。

（1）外壳

三相异步电动机的外壳包括机座、端盖、接线盒及吊环等部件。

①机座：铸铁或铸钢浇铸成型，它的作用是保护和固定三相异步电动机

的定子绕组。通常，机座要求散热性能好，所以一般都铸有散热片。

②端盖：由铸铁或铸钢浇铸成型，它的作用是把转子固定在定子内腔中心，使转子能够在定子中均匀地旋转。

③接线盒：一般由铸铁浇铸，其作用是保护和固定绕组的引出线端子。

④吊环：一般由铸钢制造，安装在机座的上端，用来起吊、运输三相异步电动机。

（2）定子铁芯

三相异步电动机定子铁芯是电动机磁路的一部分，由 0.35～0.5 mm 厚、表面涂有绝缘漆的薄硅钢片叠压而成。由于硅钢片较薄而且片与片之间是绝缘的，所以减少了由交变磁通通过引起的铁芯涡流损耗。铁芯内圆有均匀分布的槽口，用来嵌放定子绕组。定子铁芯及定子冲片如图 3-5 所示。

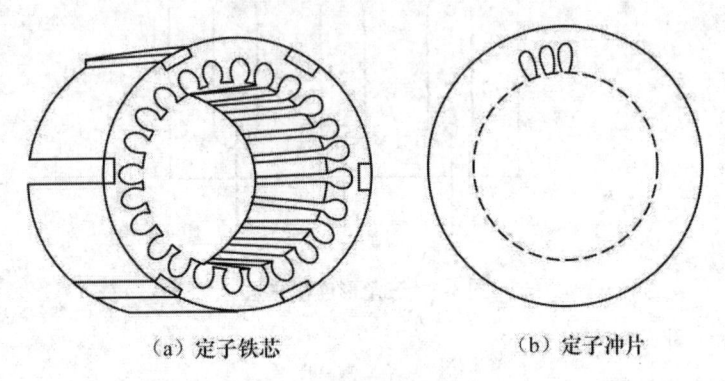

（a）定子铁芯　　　（b）定子冲片

图 3-5　定子铁芯及定子冲片

（3）定子绕组

定子绕组是三相异步电动机的电路部分。三相异步电动机有三相绕组，当通入三相对称电流时，就会产生旋转磁场。三相绕组由 3 个彼此独立的绕组组成，且每个绕组又由若干线圈连接而成。每个绕组即一相，每个绕组在空间上相差 120°电角度。线圈由绝缘铜导线或绝缘铝导线绕制。定子三相绕组的 6 个出线端都引至接线盒上，首端分别标为 U_1、V_1、W_1，末端分别标为 U_2、V_2、W_2。这 6 个出线端在接线盒里可以接成星形或三角形。其中，三角形连接方法如图 3-6 所示。

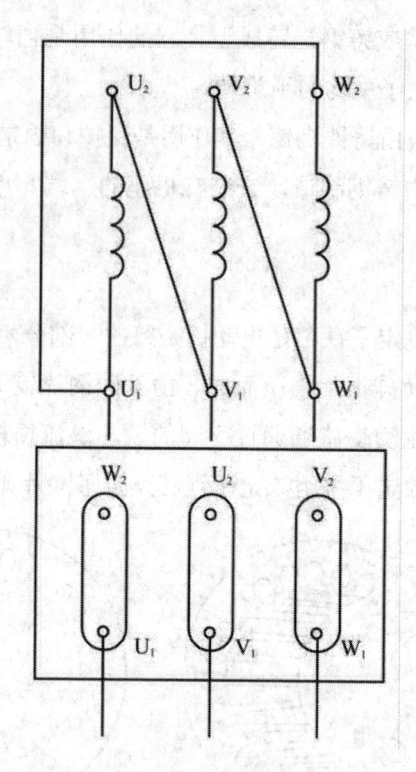

图 3-6 三角形连接方法

2.转子部分

转子铁芯是用 0.5 mm 厚的硅钢片叠压而成的，套在转轴上，一方面作为电动机磁路的一部分，另一方面用来安放转子绕组。

三相异步电动机的转子绕组分为绕线型与笼型两种。

（1）绕线型绕组：与定子绕组一样也是一个三相绕组，一般接成星形，三相引出线分别接到转轴上的 3 个与转轴绝缘的集电环上，通过电刷装置与外电路相连，这就有可能在转子电路中串接电阻或电动势以改善电动机的运行性能。绕线型转子与外加变阻器的连接如图 3-7 所示。

1—集电环；2—电刷；3—变阻器。

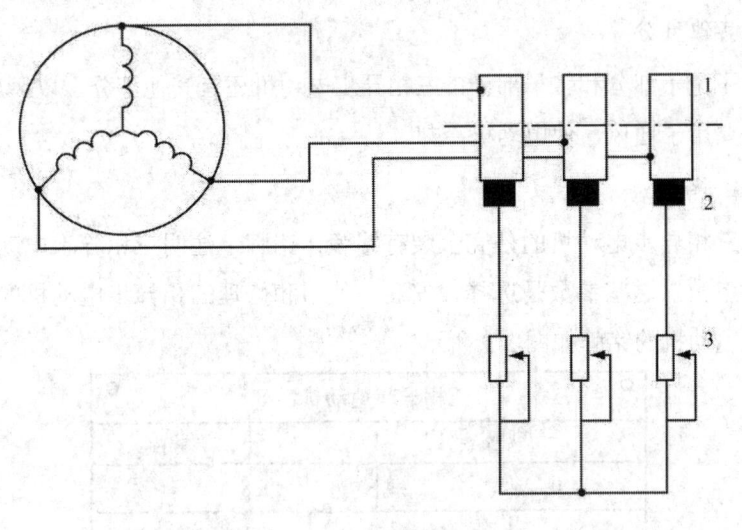

图 3-7　绕线型转子与外加变阻器的连接

（2）笼型绕组：在转子铁芯的每一个槽中插入一根铜条，在铜条两端各用一个铜环（称为端环）把导条连接起来，称为铜排转子，如图 3-8（a）所示；也可用铸铝的方法，把转子导条和端环风扇叶片用铝液一次浇铸而成，称为铸铝转子，如图 3-8（b）所示。100 kW 以下的三相异步电动机一般采用铸铝转子。

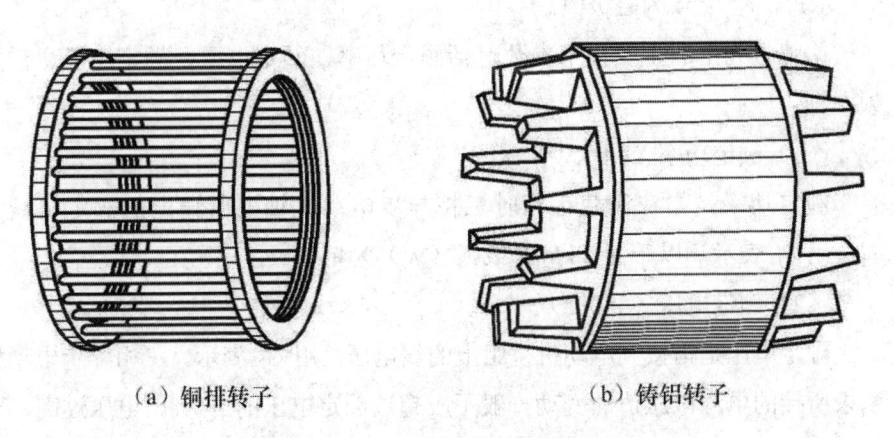

（a）铜排转子　　　　　　　　（b）铸铝转子

图 3-8　铜排转子与铸铝转子

3.其他部分

除了定子部分和转子部分，三相异步电动机还有其他部分。以风扇为例，风扇主要用于通风，使电动机冷却。

4.铭牌

在三相异步电动机的外壳上装有铭牌，铭牌上注明三相异步电动机的主要技术参数，这些参数是选择、安装、使用和修理三相异步电动机的重要依据。某电动机的铭牌如图3-9所示。

三相异步电动机				
型号Y-112-M-4			编号	
4.0 kW			8.8 A	
380 V		1 440 r/min		LYB82 dB
接法△		防护等级IP44	50 Hz	45 kg
标准编号		工作制SI	B级绝缘	年 月
××电机厂				

图3-9 某电动机的铭牌

以 Y-112-M-4 为例，型号中 Y 为电动机的系列代号；112 为基座至输出转轴的中心高度，单位为 mm；M 为机座类别（L 表示长机座，M 表示中机座，S 表示短机座）；4 为磁极数。

铭牌中列出的主要技术参数包括额定功率、额定电压、额定电流、额定频率等。

（1）额定功率（4.0 kW）

额定功率是指在满载运行时三相异步电动机轴上所输出的额定机械功率，用 P_N 表示，以千瓦（kW）或瓦（W）为单位。

（2）额定电压（380 V）

额定电压是指接到电动机绕组上的线电压，用 U_N 表示。三相异步电动机要求所接的电源电压值的变动一般不应超过额定电压的±5%。电压过高，电动机容易烧毁；电压过低，电动机难以启动，即使启动后电动机也可能带不动负载，容易烧坏。

(3) 额定电流（8.8 A）

额定电流是指三相异步电动机在额定电源电压下，输出额定功率时，流入定子绕组的线电流，用 I_N 表示，以安（A）为单位。若超过额定电流过载运行，三相异步电动机就会过热甚至烧毁。三相异步电动机的额定功率与其他额定数据之间的关系为

$$P_N = \sqrt{3} U_N I_N \cos\varphi_N \eta_N \tag{3-3}$$

式中：$\cos\varphi_N$——额定功率因数；

η_N——额定效率。

(4) 额定频率（50 Hz）

额定频率是指电动机所接的交流电源每秒钟内周期变化的次数，用 f_N 表示。我国规定的标准电源频率为 50 Hz。

(5) 额定转速（1 440 r/min）

额定转速表示三相异步电动机在额定工作情况下运行时每分钟的转速，用 n_N 表示，一般略小于对应的同步转速 n_1。如 n_1=1 500 r/min，则 n_N=1 440 r/min。

(6) 绝缘等级（B 级绝缘）

绝缘等级是指三相异步电动机所采用的绝缘材料的耐热能力，它表明三相异步电动机允许的最高工作温度。它与电动机绝缘材料所能承受的温度有关。

(7) 接法（△）

三相异步电动机定子绕组的连接方法有星形（Y）和三角形（△）两种。定子绕组的连接只能按铭牌标注的方法，不能任意改变接法，否则会损坏电动机。

(8) 防护等级（IP44）

防护等级表示三相异步电动机外壳的防护等级，其中 IP 是防护等级标志符号，其后面的两位数字分别表示电机防固体和防水能力。数字越大，防护能力越强。如 IP44 中第一位数字"4"表示电机能防止直径或厚度大于 1 mm

的固体进入电机内壳,第二位数字"4"表示能承受任何方向的溅水。

(9)噪声等级(82 dB)

在规定安装条件下,电动机运行时噪声不得大于铭牌值。

四、三相异步电动机的等效电路

1.折算

三相异步电动机定、转子之间没有电路上的联系,只有磁路上的联系,不便于实际工作的计算,为了能将转子电路与定子电路做直接的电的连接,要进行电路等效。等效要在不改变定子绕组的物理量(定子的电动势、电流及功率因数等),且转子对定子的影响不变的原则下进行,即将转子电路折算到定子侧,同时保持折算前后 f_2 不变,以保证磁动势平衡不变和折算前后各功率不变。为了找到三相异步电动机的等效电路,需要进行转子频率的折算。

(1)频率折算

将频率为 f_2 的旋转转子电路折算为与定子频率 f_1 相同的等效静止转子电路,称为频率折算。当转子静止不动时,$s=1$,$f_2=f_1$。因此,只要将实际上转动的转子电路折算为静止不动的等效转子电路,便可达到频率折算的目的。实际运行的转子电流为

$$\dot{I}_{2s} = \frac{\dot{E}_{2s}}{R_2 + jX_{2s}} = \frac{s\dot{E}_2}{R_2 + jsX_2} \tag{3-4}$$

分子、分母同除以转差率 s 得

$$\dot{I}_2 = \frac{\dot{E}_2}{\frac{R_2}{s} + jX_2} = \frac{\dot{E}_2}{\left(R_2 + \frac{1-s}{s}R_2\right) + jX_2} \tag{3-5}$$

上两式的电流数值仍是相等的,但是两式的物理意义不同。式(3-4)中实际转子电流的频率为 f_2,式(3-5)中为等效静止的转子所具有的电流,其频率为 f_1。前者为转子转动时的实际情况,后者为转子静止不动时的等效情况。由于频率折算前后转子电流的数值未变,所以磁动势的大小不变。同时,磁

动势的转速是同步转速,与转子转速无关,所以式(3-5)的频率折算保证了电磁效应的不变。

可以看出,频率折算前后转子的电磁效应不变,即转子电流的大小、相位不变,除了改变与频率有关的参数以外,只要用等效转子的电阻 $\frac{R_2}{s}$ 代替实际转子中的电阻 R_2 即可。$\frac{R_2}{s}$ 又可分解为 $R_2+\frac{1-s}{s}R_2$,其中 $\frac{1-s}{s}R_2$ 为三相异步电动机的等效负载电阻,等效负载电阻上消耗的电功率为 $I_2^2 R_2\left(\frac{1-s}{s}\right)$。这部分损耗在实际电路中并不存在。转子绕组频率折算后的三相异步电动机的定、转子电路如图 3-10 所示。

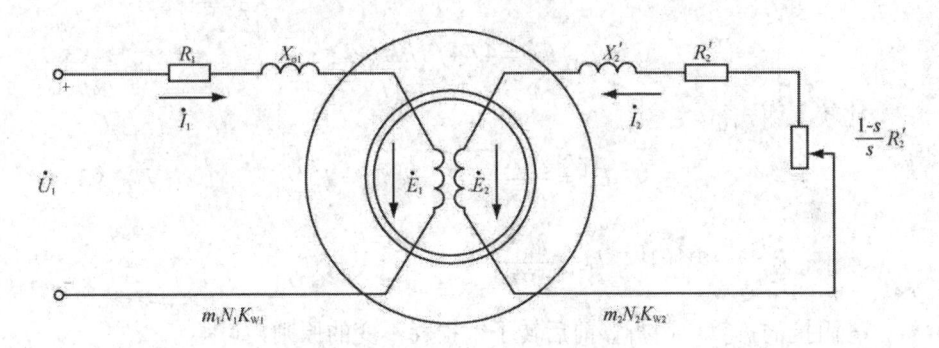

图 3-10 转子绕组频率折算后的三相异步电动机的定、转子电路

(2)绕组折算

在进行频率折算以后,虽然已将旋转的三相异步电动机转子电路转化为等效的静止电路,但还不能把定、转子电路连接起来,因为两个电路的电动势还不相等。和变压器的绕组折算一样,三相异步电动机绕组折算也是人为地用一个相数、每相串联匝数以及绕组系数和定子绕组相同的绕组代替相数为 m_2、每相串联匝数为 N_2 以及绕组系数为 K_{w2} 而经过频率折算的转子绕组。但仍然要保证折算前后转子对定子的电磁效应不变,即转子的磁动势、转子总的视在功率、铜损耗及转子漏磁场储能均保持不变。转子折算值上均加"'"

表示。

①电流的折算：由保持转子磁通势不变的原则，可得

$$0.9\frac{m_1}{2p}N_1K_{w1}I_2' = 0.9\frac{m_2}{2p}N_2K_{w2}I_2 \tag{3-6}$$

折算后的转子电流有效值为

$$I_2' = \frac{m_2N_2K_{w1}}{m_1N_1K_{w1}}I_2 = \frac{1}{k_i}I_2 \tag{3-7}$$

式中：k_i——电流比，$k_i = \frac{m_1N_1K_{w1}}{m_2N_2K_{w2}}$。

②电动势的折算：由于定、转子磁动势在绕组折算前后都不变，故气隙中的主磁通也不变，绕组折算前后的转子电动势分别为

$$E_2 = 4.44f_1N_2K_{w2}\Phi_m \tag{3-8}$$

$$E_2' = 4.44f_1N_1K_{w1}\Phi_m \tag{3-9}$$

比较上两式得

$$E_2' = \frac{N_1K_{w1}}{N_2K_{w2}}E_2 = k_eE_2 = E_1 \tag{3-10}$$

式中：k_e——电压比，$k_e = \frac{N_1K_{w1}}{N_2K_{w2}}$。

③阻抗的折算：由折算前后转子铜损耗不变的原则，可得

$$m_1I_2'^2R_2' = m_2I_2^2R_2$$

$$R_2' = \frac{m_2}{m_1}\left(\frac{I_2}{I_2'}\right)^2 R_2 = \frac{m_2}{m_1}\left(\frac{m_1N_1K_{w1}}{m_2N_2K_{w2}}\right)^2 R_2 = k_ek_iR_2 \tag{3-11}$$

同理，由绕组折算前后转子电路的无功功率不变可导出

$$X_2' = k_ek_iX_2 \tag{3-12}$$

$$Z_2' = k_ek_iZ_2 \tag{3-13}$$

从上式可见，转子电路向定子电路进行绕组折算的规律是：电流除以电

流比 k_i，电压乘以电压比 k_e，阻抗乘以电压比 k_e 与电流比 k_i 的乘积。

注意：折算只改变相关的值大小，而不改变其相位的大小。

2.T 形等效电路及其简化

根据折算前后各物理量的关系，可以作出折算后的 T 形等效电路图，如图 3-11 所示。

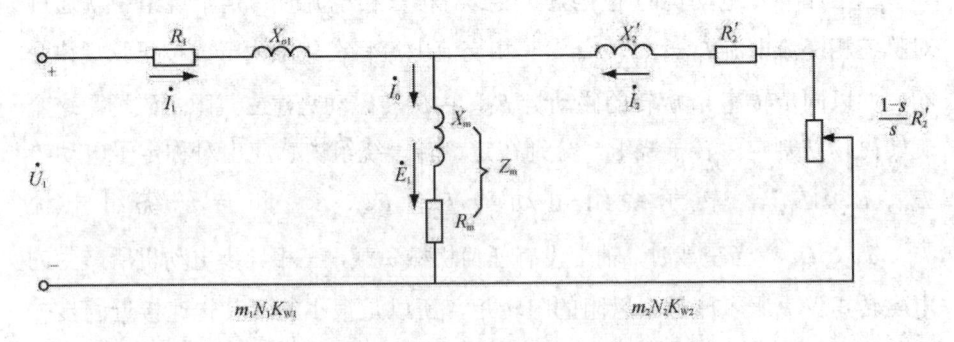

图 3-11　三相异步电动机的 T 形等效电路

在实际应用时，常把励磁支路移到输入端，因为励磁电流占总负载电流的比例并不小，故励磁支路只能前移，不能略去。这样，电路就简化为单纯的并联支路，使计算更为简化。这种等效电路称为三相异步电动机的近似等效电路，如图 3-12 所示。

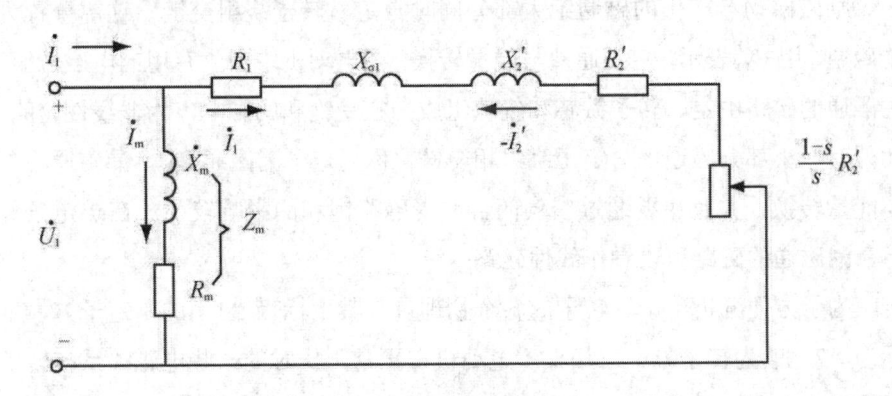

图 3-12　三相异步电动机的近似等效电路

第二节　三相异步电动机的运行

一、三相异步电动机的空载运行

1.空载运行的电磁关系

当三相异步电动机的定子绕组接到对称三相电源时，定子绕组中就通过对称三相交流电流 $\dot{I}_{1U}$、$\dot{I}_{1V}$、$\dot{I}_{1W}$，三相交流电流将在气隙内形成按正弦规律分布，并以同步转速 n_1 旋转的磁动势 F_1，由旋转磁动势建立气隙主磁场。这个旋转磁场切割定、转子绕组，分别在定、转子绕组内感应出对称定子电动势 $\dot{E}_{1U}$、$\dot{E}_{1V}$、$\dot{E}_{1W}$，转子绕组电动势 $\dot{E}_{2U}$、$\dot{E}_{2V}$、$\dot{E}_{2W}$ 和转子绕组电流 $\dot{I}_{2U}$、$\dot{I}_{2V}$、$\dot{I}_{2W}$。当空载时，轴上没有任何机械负载，三相异步电动机所产生的电磁转矩仅克服了摩擦、风阻的阻转矩，所以是很小的，其转速接近同步转速，即 $n \approx n_1$，转子与旋转磁场的相对转速接近零，即 $n_1-n \approx 0$。在这样的情况下可以认为旋转磁场不切割转子绕组，则 $E_{2s} \approx 0$（"s"下标表示转子电动势的频率与定子电动势的频率不同），$I_{2s} \approx 0$。由此可见，当三相异步电动机空载运行时定子上的合成磁动势 F_1 即空载磁动势 F_{10}，则建立气隙磁场 B_m 的励磁磁动势 F_{m0} 就是 F_{10}，即 $F_{m0}=F_{10}$，产生的磁通为 Φ_{m0}。

励磁磁动势产生的磁通绝大部分同时与定、转子绕组交链，这部分称为主磁通，用 Φ_m 表示，主磁通参与能量转换，在电动机中产生有用的电磁转矩。主磁通的磁路由定、转子铁芯和气隙组成，它受饱和的影响，为非线性磁路。此外有一小部分磁通仅与定子绕组相交链，称为定子漏磁通 $\Phi_{1\sigma}$。漏磁通不参与能量转换，并且主要通过空气闭合，受磁路饱和的影响较小。在一定条件下，漏磁通的磁路可以看作线性磁路。

为了方便分析定子、转子的各个物理量，其下标为"1"的是定子方，下标为"2"的为转子方。三相异步电动机在正常工作时的一些电磁关系在转子不转时就存在，因此可以在转子不转时进行分析。

（1）转子不转时（转子绕组开路）三相异步电动机的电磁过程

转子绕组开路，定子绕组接三相交流电源，定子绕组中产生三相对称正弦电流（空载电流），形成幅值固定的气隙旋转磁场，旋转速度为

$$n_0 = \frac{60f}{p} \tag{3-14}$$

由于转子不转，旋转磁场在定子绕组、转子绕组中分别感应 f 的正弦电动势，即

$$\left.\begin{aligned}E_1 &= -\text{j}4.44 f_1 k_{N1} N_1 \Phi_1 \\ E_2 &= -\text{j}4.44 f_1 k_{N2} N_2 \Phi_1\end{aligned}\right\} \tag{3-15}$$

式中：$k_{N1}N_1$——定子每相有效串联匝数；

$k_{N2}N_2$——转子每相有效串联匝数。

电动势的平衡方程式为

$$\dot{U}_1 = -\dot{E}_1 - \dot{E}_{\sigma 1} + \dot{I}_0 R_1 \tag{3-16}$$

式中：R_1——定子每相电阻。

定子漏磁通 $\Phi_{1\sigma}$ 在定子绕组中产生的漏抗电动势 $E_{1\sigma}$，常用漏抗电动势来表示，即

$$\begin{aligned}\dot{E}_{1\sigma} &= -\text{j}4.44 f_1 \\ K_{N1} N_1 \Phi_{1\sigma} &= -\text{j}X_1 \dot{I}_0'\end{aligned} \tag{3-17}$$

式中：X_1——定子绕组没相漏阻抗，$X_1 = 2\pi f_1 L_1$。

（2）转子旋转时三相异步电动机（空载）的电磁过程

当转子绕组开路时，转子电流为零；当转子绕组短路时，转子电流不为零，转子电流与磁场作用产生电磁转矩，使转子旋转。设转子转速为 n，则定子旋转磁场切割转子导体的相对速度下降为 $\Delta n = n_0 - n$，转子导体扫过一对磁极空间的时间变长，使转子电势频率减小为

$$f_2 = \frac{p\Delta n}{60} = \frac{spn_1}{60} = sf_1 \tag{3-18}$$

式中：s——异步电动机的转差率，$s=\dfrac{n_0-n}{n_0}$。

因相对切割速度下降，所以转子电动势有效值也减小。又因电抗与频率成正比，所以转子漏电抗也减小。由于空载转矩很小，所以转子的空载电流也很小，即 $I_2\approx 0$。这样，电动势平衡关系和转子绕组开路不转时相似，即

$$\dot{U}_1 = -\dot{E}_1 - \dot{E}_{\sigma 1} + \dot{I}_0 R_1$$

2. 空载时的定子电压平衡关系

根据以上的分析，空载时定子绕组上每相所加的端电压为 $\dot{U}_1$，相电流为 $\dot{I}_0$，主磁通 $\varPhi_m$ 在定子绕组中感应的每相电动势为 $\dot{E}_1$，定子漏磁通 $\varPhi_{\sigma 1}$ 在每相绕组中感应的电动势为 $\dot{E}_{\sigma 1}$，定子绕组的每相电阻为 R_1，可以列出电动机空载时每相的定子电压平衡方程式为

$$\dot{U}_1 = -\dot{E}_1 - \dot{E}_{\sigma 1} + \dot{I}_0 R_1 \tag{3-19}$$

$$E_1 = 4.44 f_1 K_{W1} N_1 \varPhi_m$$

$$\dot{E}_1 = -\dot{I}_0 (R_m + jX_m) \tag{3-20}$$

式中：$R_m + jX_m = Z_m$——励磁阻抗，其中 R_m 为励磁电阻，是反映铁损耗的等效电阻，X_m 为励磁电抗，与主磁通 $\varPhi_m$ 相对应。

上式可以改写为

$$\dot{U}_1 = -\dot{E}_1 + \dot{I}_0 (R_1 + jX_{\sigma 1}) = -\dot{E}_1 + \dot{I}_0 Z_1 \tag{3-21}$$

式中：Z_1——定子每相漏阻抗，$Z_1 = R_1 + jX_{\sigma 1}$。

显然，对于一定的电动机，当频率 f_1 一定时，$U\propto \varPhi_m$。由此可见，在三相异步电动机中，若外加电压一定，则主磁通 $\varPhi_m$ 大体上也为一定值，这和变压器的情况一样，只是变压器无气隙，空载电流很小，仅为额定电流的2%～10%，而三相异步电动机有气隙，空载电流较大，在小型三相异步电动机中，可达到额定电流的60%左右。

二、三相异步电动机的负载运行

1.负载运行时的电磁关系

当三相异步电动机从空载到负载运行时,电动机轴上机械负载转矩突然增加,使转矩关系失去平衡,电动机转速下降,其转向仍与气隙旋转磁场的转向相同。因此,气隙磁场与转子的相对转速为 $\Delta n = n_1 - n = sn_1$,$\Delta n$ 也就是气隙旋转磁场切割转子绕组的增速,于是转差率 s 增大,在转子绕组中感应出电动势的频率 $f_2(f_2 = \frac{p\Delta n}{60} = \frac{spn_1}{60} = sf_1)$ 增大,电动势 E_2 增大,转子绕组中产生的电流 I_2 增大,电磁转矩 T_m 也增大。当电磁转矩增大到与负载转矩和空载转矩相平衡时,电动机将以低于同步转速 n_1 的速度 n 稳定旋转。

当三相异步电动机负载运行时,除了定子电流产生一个定子磁动势 F_1 外,转子电流 i_1 还产生了转子磁动势 F_2;它的磁极对数与定子的磁极对数始终是相同的,而总的气隙磁动势则是 F_1 与 F_2 的合成。转子磁动势相对转子的旋转速度为 $n_2 = \frac{60f_2}{p_2} = \frac{s60f_1}{p} = sn_1$,若定子旋转磁场为顺时针方向,则由于 $n < n_1$,感应而形成的转子电动势或电流的相序也必然按顺时针方向排列。由于合成磁动势的转向取决于绕组中电流的相序,所以转子磁动势 F_2 的转向与定子磁动势 F_1 的转向相同,也为顺时针方向。转子磁动势 F_2 在空间(相对于定子)的旋转速度为

$$n_2 + n = sn_1 + n = n_1 \tag{3-22}$$

由上式可知,无论三相异步电动机的转速如何变化,定、转子磁动势总是相对静止的。

2.转子绕组各电磁量特点

当三相异步电动机负载运行时,由于轴上机械负载转矩的增加,原空载时的电磁转矩无法平衡负载转矩,电动机开始降速,磁场与转子之间的相对运动速度加快,转子感应电动势增加,转子电流和电磁转矩增加,当电磁转

矩增加到与负载转矩和空载制动转矩相平衡时，电动机就以低于空载时的转速稳定运行。由此可见，当负载转矩改变时，转子转速 n 或转差率 s 随之变化，而 s 的变化引起了电动机内部许多物理量的变化。

（1）转子绕组感应电动势及电流的频率为

$$f_2 = \frac{p\Delta n}{60} = \frac{spn_1}{60} = sf_1 \tag{3-23}$$

上式表明，频率 f_2 与转差率 s 成正比，所以转子电路和变压器的二次绕组电路具有不同的特点。

（2）当转子旋转时，转子电动势为

$$E_{2s} = 4.44 f_2 K_{W2} \Phi_m = 4.44 sf_1 K_{W2} \Phi_m = sE_2 \tag{3-24}$$

上式表明，转子电动势 E_{2s} 与转差率 s 成正比。当转子不动时，$s=1$，$E_{2s}=E_2$，转子电动势达到最大，即转子静止时的电动势；当转子转动时，E_{2s} 随 s 的减小而减小。E_2 为转子电动势的最大值（也称堵转电动势）。

（3）转子电抗 X_{2s} 为

$$X_{2s} = 2\pi f_2 L_2 = 2\pi sf_1 L_2 = sX_2 \tag{3-25}$$

式中：L_2——转子绕组的每相漏电感；

X_2——转子静止时的每相漏电抗，$X_2 = 2\pi f_1 L_2$。

上式表明，转子电抗与转差率成正比。当转子不动时，$s=1$，$X_{2s}=X_2$，转子电抗达到最大，即转子静止时的电抗 X_2。当转子转动时，X_{2s} 随 s 的减小而减小。

（4）转子电流 I_{2s}

由于转子电动势和转子电抗都随 s 变化而变化，并考虑到转子绕组电阻 R_2，故转子电流 I_{2s} 也与 s 有关，即

$$I_{2s} = \frac{E_{2s}}{\sqrt{R_2^2 + X_{2s}^2}} = \frac{sE_2}{\sqrt{R_2^2 + (sX_2)^2}} \tag{3-26}$$

上式表明，转子电流随 s 的增大而增大，当电动机启动瞬间，$s=1$ 为最大，转子电流也为最大；当转子旋转时，s 减小，转子电流也随之减小。

（5）转子电路的功率因数 $\cos\varphi_2$

转子每相绕组都有电阻和电抗，是感性电路。转子电流滞后于转子电动势 φ_2 角度，转子电路的功率因数为

$$\cos\varphi_2 = \frac{R_2}{\sqrt{R_2^2 + (sX_2)^2}} \tag{3-27}$$

上式说明功率因数随 s 的增大而减小。必须注意 $\cos\varphi_2$ 只是转子的功率因数，若把整个电动机作为电网的负载，则其功率因数指的是定子功率因数，二者是不同的。

3. 磁动势平衡方程式

当三相异步电动机空载运行时，主磁通是由定子绕组的空载磁动势单独产生的；当三相异步电动机负载运行时，气隙中的合成旋转磁场的主磁通是由定子绕组磁动势和转子绕组磁动势共同产生的，这一点和变压器相似。由电磁关系可知，定、转子磁动势在空间中相对静止，因此可以合并为一个合成磁动势，即

$$F_0 = F_1 + F_2 \tag{3-28}$$

其中，F_0 为励磁磁动势，它产生气隙中的旋转磁场。式（3-28）称为三相异步电动机的磁动势平衡方程式，它也可以写成

$$F_1 = F_0 + (-F_2) \tag{3-29}$$

可以认为，定子电流建立的磁动势有两个分量：一个是励磁分量 F_0，用来产生主磁通；另一个是负载分量 $-F_2$，用来抵消转子磁动势的去磁作用，以保证主磁通基本不变。这就是三相异步电动机的磁动势平衡关系，这种关系使电路上无直接联系的定、转子电流有了关联，定子电流随转子负载转矩的变化而变化。

4. 电压平衡方程式

根据前面的分析可知，在三相异步电动机负载时的定、转子电路中，转子电路的频率为 f_2 且转子电路自成闭路，对外输出电压为零，如图 3-13 所示。

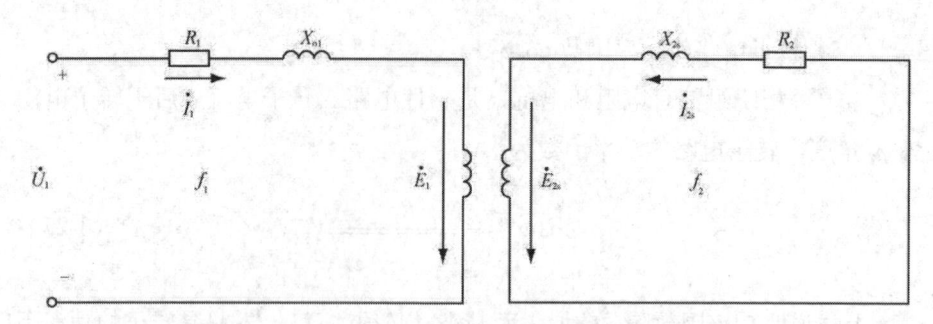

图 3-13 三相异步电动机负载时的定、转子电路

由图 3-13 可知，定子电路的电动势平衡方程式为

$$\dot{U}_1 = -\dot{E}_1 + \dot{I}_1 R_1 + j\dot{I}_1 X_{\sigma 1} = -\dot{E}_1 + \dot{I}_1(R_1 + jX_{\sigma 1}) \tag{3-30}$$

转子电路的电动势平衡方程式为

$$\dot{E}_{2s} = \dot{I}_{2s}(R_2 + jX_{2s}) = \dot{I}_{2s}Z_{2s} \tag{3-31}$$

式中：Z_{2s}——转子绕组在转差率为 s 时的漏阻抗，$Z_{2s}=R_2+jX_{2s}$。

第三节 三相异步电动机的功率和转矩

一、三相异步电动机的功率

1.输入电功率（P_1）

三相异步电动机输入的电功率是指三相异步电动机从电源取得的功率，用 P_1 表示，计算式为

$$P_1 = 3U_1 I_1 \cos\varphi_1 \tag{3-32}$$

2.定子铜损耗（P_{Cu1}）

定子铜损耗指电流流过定子绕组时产生的电阻损耗，以热的形式消耗在定子绕组上，使绕组发热，用 P_{Cu1} 表示，计算式为

$$P_{Cu1} = 3I_1^2 R_1 \tag{3-33}$$

3.铁芯损耗（P_{Fe}）

三相异步电动机铁损耗指定子的铁损耗。由于一般情况下，三相异步电动机的转速接近同步转速，转差率 s 很小，转子电流频率 $f_2=sf_1=1\sim 3\ Hz$，转子铁损耗很小，在计算三相异步电动机铁损耗时往往忽略转子铁损耗，所以有

$$P_{Fe}=3I_{10}^2R_m \tag{3-34}$$

4.电磁功率（P_{em}）

三相异步电动机从电源汲取功率 P_1 以后，一部分功率作为定子铜损耗消耗在定子绕组中，使绕组发热，还有一部分功率作为铁芯损耗消耗在定子铁芯中，使铁芯发热，其余功率称为电磁功率 P_{em}，所以 $P_{em}=P_1-P_{Cu1}-P_{Fe}$。电磁功率 P_{em} 是三相异步电动机的定子通过电磁耦合传输给转子的有功功率。从等效电路的转子支路可知，转子得到的总的有功功率有两种方法表示。

（1）用等效电阻 $\dfrac{R_2'}{s}$ 和转子电流表示的电磁功率，认为有功功率全部消耗在等效电阻上，即

$$\begin{aligned}P_{em}&=P_1-P_{Cu1}-P_{Fe}=3I_2'^2\frac{R_2'}{s}\\ &=3I_2'^2\left[R_2'+\frac{(1-s)}{s}R_2'\right]\\ &=3I_2'^2R_2'+3I_2'^2\frac{(1-s)}{s}R_2'\end{aligned} \tag{3-35}$$

从式（3-35）可知，进入转子的电磁功率分为两部分，第一部分是转子绕组铜损耗 $3I_2'^2R_2'$，第二部分是等效附加电阻 $\dfrac{(1-s)R_2'}{s}$ 之上的功率，称为机械功率 $3I_2'^2\dfrac{(1-s)R_2'}{s}$。

（2）用转子回路的电势、电流和功率因数也可以求出电磁功率，即

$$P_{em}=m_2E_2I_2\cos\varphi_2=3E_2'I_2'\cos\varphi_2 \tag{3-36}$$

5.转子铜损耗（P_{Cu2}）

转子电流 I_2' 在转子电阻上的损耗，以热的形式消耗在转子电阻上，使转子绕组温度升高，其计算式为

$$P_{Cu2} = 3I_2'^2 R_2' \tag{3-37}$$

6.总机械功率（P_m）

定子传递到转子的功率仅去掉转子铜损耗，就是使转子产生机械旋转的总机械功率 P_m。在数值上，P_m 等于转子支路的等效附加电阻 $\dfrac{(1-s)R_2'}{s}$ 上的损耗值，即

$$\begin{aligned} P_m &= P_{em} - P_{Cu2} = 3I_2'^2 \frac{(1-s)R_2'}{s} \\ &= 3I_2'^2 \frac{R_2'}{s}(1-s) \\ &= P_{em}(1-s) \end{aligned} \tag{3-38}$$

从式（3-34）可知，$P_{Cu2} = sP_{em}$。

根据以上对电磁功率 P_{em}、转子铜损耗 P_{Cu2} 以及总机械功率 P_m 的定量分析，三相异步电动机运行时 P_{em}、P_{Cu2} 和 P_m 之间的定量关系为

$$P_{em} : P_{Cu2} : P_m = 1 : s : (1-s) \tag{3-39}$$

从式（3-39）可见，当电磁功率一定时，转差率 s 越小，转子铜损耗越小，总机械功率越大。在三相异步电动机运行时，若 s 大，则效率一定不高。另外，当三相异步电动机处于电磁制动状态时，$s>1$，即转子铜损耗大于电磁功率，故由定子传送到转子的电磁功率都消耗于转子铜损耗仍不够，还应从轴上输入机械功率去补偿。

在三相异步电动机转动时，还会有风阻、轴承摩擦等阻力，也要损耗一部分功率，这部分功率损耗称为机械损耗，用 P_Ω 表示。除此之外，由于定、转子齿、槽对气隙磁动势的影响，三相异步电动机的磁动势中会含有谐波磁动势，产生一些不易计算的损耗，称为附加损耗，用 P_Δ 表示。附加损耗虽然

很小但计算复杂，一般根据经验估算。小型三相异步电动机的 P_Δ 较大些，$P_\Delta \approx P_N（1\sim3）\%$。大型三相异步电动机的 $P_\Delta \approx P_N 0.5\%$。

可见，总机械功率 P_m 减去机械损耗 P_Ω 和附加损耗 P_Δ 才是轴上输出的机械功率，即

$$P_m = P_2 + P_\Omega + P_\Delta \tag{3-40}$$

7.功率方程

综合以上各项功率和损耗，可知三相异步电动机功率传递过程的方程为

$$\left.\begin{array}{l} P_{em} = P_1 - P_{Cu1} - P_{Fe} \\ P_m = P_{em} - P_{Cu2} = P_{em}(1-s) \\ P_m = P_2 + P_\Omega + P_\Delta \\ P_2 = P_1 - P_{Cu1} - P_{Fe} - P_{Cu2} - P_\Omega - P_\Delta \end{array}\right\} \tag{3-41}$$

式（3-41）表示了三相异步电动机的功率转换过程的物理概念和各功率之间的联系，4 个方程不是全部独立的。

总结上述分析可知，当三相异步电动机运行时，从电源输入电功率 P_1 到在电动机轴上输出机械功率 P_2，在电动机内功率传递过程中的损耗可以用三相异步电动机的功率流程图表示，如图 3-14 所示。

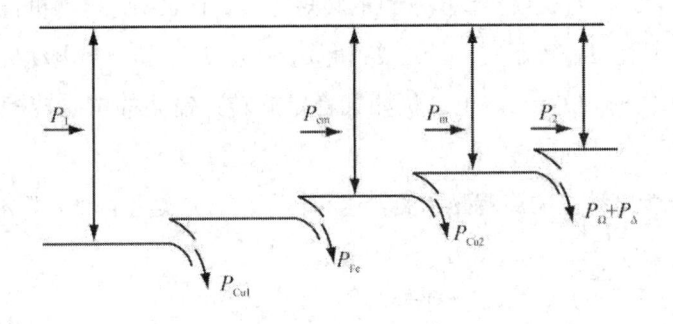

图 3-14 三相异步电动机的功率流程图

二、三相异步电动机的转矩

1.转矩方程

这里的转矩方程是指电动机稳态运行（转速不变运行）的转矩方程。由于稳定运行旋转物体的机械功率等于作用在旋转物体上的转矩与其机械角速度的乘积，所以三相异步电动机的转矩方程可以根据功率方程求得，把功率方程 $P_m = P_2 + P_\Omega + P_\Delta$ 两边同时除以机械角速度 Ω 可得

$$T_{em} = T_2 + \left(\frac{P_\Omega + P_\Delta}{\Omega}\right) = T_2 + T_0 \tag{3-42}$$

式中：Ω——电机转动机械角速度，$\Omega = \frac{2\pi n}{60}$，单位为 rad/s；

T_{em}——电磁转矩，$T_{em} = \frac{P_m}{\Omega}$，单位为 N·m，对应总机械功率 P_m；

T_2——电动机轴输出转矩，在电动机稳态运行时，其值等于负载转矩，$T_2 = \frac{P_2}{\Omega}$，单位为 N·m，对应输出功率 P_2；

T_0——电动机空载转矩，$T_0 = \frac{P_\Omega + P_\Delta}{\Omega}$，单位为 N·m，对应（$P_\Omega + P_\Delta$）。

式（3-42）称为三相异步电动机的转矩方程。它表明：电动机稳定运行时产生的电磁转矩 T_{em} 等于空载转矩 T_0 和负载转矩 T_2 之和。当电动机所拖动的负载转矩为零时，$T_2 = 0$。电动机如果稳定旋转，需要的电磁转矩就是空载转矩。

三相异步电动机的旋转磁场的转速和转子的转速是不同的，即 $n = (1-s)n_1$。根据 $T_{em} = \frac{P_m}{\Omega}$，有

$$T_{em} = \frac{P_m}{\Omega} = \frac{(1-s)P_{em}}{\Omega} = \frac{P_{em}}{\Omega/(1-s)} = \frac{P_{em}}{\Omega_1}$$

即

$$T_{em} = \frac{P_m}{\Omega} = \frac{P_{em}}{\Omega_1} \tag{3-43}$$

式中：Ω_1——同步机械角速度，$\Omega_1 = \dfrac{2\pi n_1}{60}$，单位是 rad/s。

从式（3-43）可知，电磁转矩既可以用 $T_{em} = \dfrac{P_m}{\Omega}$ 计算，也可以用 $T_{em} = \dfrac{P_m}{\Omega_1}$ 计算。

2. 电磁转矩公式

电磁转矩公式就是利用三相异步电动机的基本参数计算 T_{em} 的公式。其可以通过多种方法推导出来，这里首先简单地从电磁功率来推导 T_{em}。

由式（3-35）和式（3-43）可得

$$T_{em} = \frac{P_{em}}{\Omega_1} = \frac{1}{\Omega_1} 3 I_2'^2 \frac{R_2'}{s} \tag{3-44}$$

由式（3-36）和式（3-43）可得

$$T_{em} = \frac{P_{em}}{\Omega_1} = \frac{3 E_2' I_2' \cos\varphi_2}{\Omega_1} \tag{3-45}$$

将电角速度 $\omega_1 = p\Omega_1$（p 为极对数）变形为 $\Omega_1 = \dfrac{\omega_1}{p}$，将其与 $E_2' = E_1 = 4.44 f_1 N_1 K_{W1} \Phi_m$ 代入（3-45）得

$$\begin{aligned}
T_{em} &= \frac{p}{\omega_1} m_1 E_2' I_2' \cos\varphi_2 = \frac{p}{2\pi f_1} m_1 4.44 f_1 N_1 K_{W1} \Phi_m I_2' \cos\varphi_2 \\
&= \frac{p m_1 4.44 N_1 K_{W1}}{2\pi} \Phi_m I_2' \cos\varphi_2 \\
&= \frac{p m_1 N_1 K_{W1}}{\sqrt{2}} \Phi_m I_2' \cos\varphi_2 \\
&= C_T \Phi_m I_2' \cos\varphi_2
\end{aligned} \tag{3-46}$$

式中：C_T——三相异步电动机的电磁转矩系数，对于一个已经制成的电动机，C_T 是一个常数，$C_T = \dfrac{p m_1 N_1 K_{W1}}{\sqrt{2}}$。

三相异步电动机的电磁转矩公式（3-46）与直流电动机的电磁转矩公式 $T_{em} = C_T \Phi I_a$ 极为相似。由于只有电流的有功分量才能产生有功功率，所以三

相异步电动机的电磁转矩 T_{em} 的大小与每极磁通 Φ_m、转子电流有功分量 $I_2'\cos\varphi_2$ 均成正比。三相异步电动机电磁转矩的这种性质极为重要，且与其运行特性关系极大。

【例 3-1】一台三相绕线式异步电动机，$U_N=380$ V，$P_N=100$ kW，$n_N=950$ r/min，$f_1=50$ Hz。在额定转速下运行时，机械损耗 $P_\Omega=1$ kW，额定负载时的附加损耗忽略不计。求：

（1）额定转差率 s_N；

（2）电磁功率 P_{em}；

（3）转子的铜损耗 P_{Cu2}；

（4）额定电磁转矩 T_{emN}、额定输出磁转矩 T_{2N}、空载转矩 T_0。

解：

（1）额定转差率为

$$S_N = \frac{n_1 - n_N}{n_1} = \frac{1\,000 - 950}{1\,000} = 0.05$$

式中，$n_1=1\,000$ r/min 是根据 $n_N=950$ r/min 判断得出的。

（2）根据 $P_m=P_{em}-P_{Cu2}=P_{em}(1-s)$ 和 $P_m=P_2+P_\Omega+P_\Delta$ 并忽略 P_Δ，可得到额定运行的电磁功率 P_{em}：

$$P_{em}=P_2+P_\Omega+s_N P_{em}$$

代入数据有：

$$P_{em} = \frac{P_2 + P_\Omega}{(1-s_N)} = \frac{100+1}{1-0.05} = 106.3 \text{ kW}$$

（3）转子的铜损耗为

$$P_{Cu2}=s_N P_{em}=0.05 \times 106.3 = 5.3 \text{ kW}$$

（4）额定电磁转矩、额定输出磁转矩、空载转矩分别为

$$T_{emN} = \frac{P_{em}}{\Omega_1} = \frac{P_{em}}{\frac{2\pi n_1}{60}} = 9\,550 \times \frac{P_{em}}{n_1} = 9\,550 \times \frac{106.3}{1\,000} = 1015.2 \text{ N·m}$$

$$T_{2N} = \frac{P_{2N}}{\Omega_N} = \frac{P_{2N}}{\frac{2\pi n_N}{60}} = 9\,550 \times \frac{P_{2N}}{n_N} = 9\,550 \times \frac{100}{950} = 1\,005.3 \text{ N·m}$$

$$T_0 = 9\,550 \times \frac{P_\Omega}{n_N} = 9\,550 \times \frac{1}{950} = 10.1 \text{ N·m}$$

第四节　三相异步电动机的特性

一、三相异步电动机的机械特性

三相异步电动机的机械特性曲线，如图 3-15 所示，A、B、C、D 点分别为电动机的同步点、额定运行点、临界点和启动点。由图可知，电动机在 D 点启动后，随着转速的上升，转矩随之上升，在达到转矩的最大值（C 点）后，进入 A—C 段的工作区域。

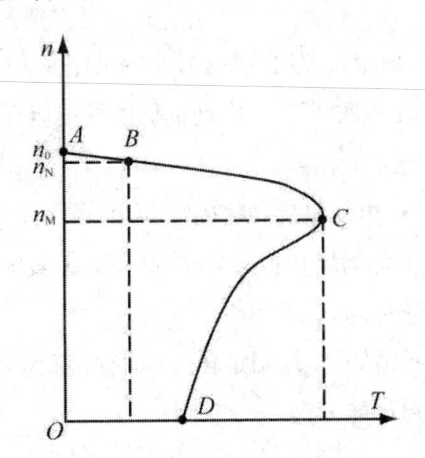

图 3-15　三相异步电动机的机械特性曲线

三相异步电动机的机械特性性能分析如下：

（1）曲线的 A—C 段：近似于线性，随着三相异步电动机的转矩增加，转速略有下降。从同步点 A（$n=n_0$，$s=0$，$T=0$）到满载的 B 点（额定运行点），转速仅下降 2%～6%。可见，三相异步电动机在 A—C 段的工作区域有较硬的机械特性。

（2）额定运行状态：在 B 点，电动机工作在额定运行状态，在额定电压、额定电流下产生额定的电磁转矩以拖动额定的负载，此时对应的转速、转差率均为额定值（额定值均用下标"N"表示）。电动机在工作时应尽量接近额定状态运行，以保持较高的效率和功率因数。

（3）临界状态：在 C 点产生的转矩为最大转矩 T_m。它是电动机运行的临界转矩，因为一旦负载转矩大于 T_m，电动机就会因无法拖动而降低转速。当工作点进入曲线的 C—D 段时，随着转速的下降，转矩继续减小，并很快下降至零，电动机出现堵转。C 点为曲线 A—C 段与 C—D 段交界点，所以称为"临界点"，该点对应的转差率为临界值。

电动机产生的最大转矩 T_m 与额定转矩 T_N 之比称为电动机的过载能力 λ，即

$$\lambda = \frac{T_m}{T_N}$$

一般三相异步电动机的 λ 为 1.8～2.2，这表明在短时间内电动机轴上带动的负载只要不超过（1.8～2.2）T_N，电动机仍能继续运行，因此 λ 表明了电动机所具有的过载能力的大小。

（4）启动状态：在电动机启动瞬间，$n=0$，$s=1$，电动机轴上产生的转矩称为启动转矩 T_{st}（又称为堵转转矩）。T_{st} 必须大于负载转矩，电动机才能启动，否则电动机将无法启动。

电动机产生的启动转矩 T_{st} 与额定转矩 T_N 之比称为电动机的启动能力，一般三相异步电动机的启动能力为 1～2。

二、三相异步电动机的工作特性

三相异步电动机的工作特性（如图 3-16 所示）是指在额定电压和额定频率运行情况下，电动机的转速 n、定子电流 I_1、功率因数 $\cos\varphi_1$、电磁转矩 T_{em}、效率 η 等与输出功率 P_2 的关系，即当 $U_1=U_{1N}$，$f=f_N$ 时，$(n, I_1, \cos\varphi_1, T_{em},$

$\eta)=f(P_2)$。

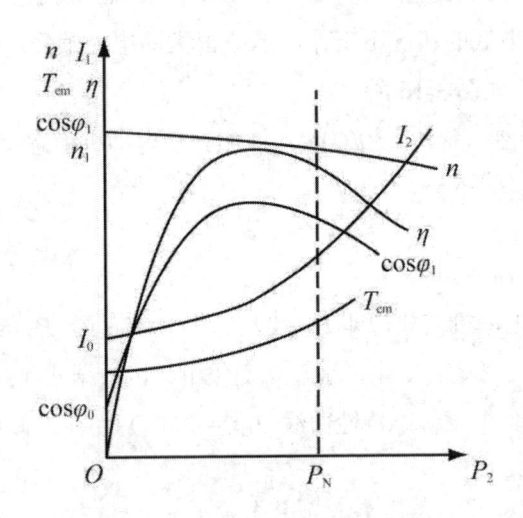

图 3-16 三相异步电动机的工作特性

三相异步电动机工作特性的分析如下：

（1）转速特性：三相异步电动机在额定电压和额定频率下，输出功率变化时转速变化的曲线 $n=f(P_2)$ 称为转速特性。

（2）定子电流特性：根据三相异步电动机的磁通势平衡方程式 $\dot{I}_1=\dot{I}_{10}+(-\dot{I}_2')$，因为 $\dot{I}_{10}$ 在 P_2 变化时保持不变，在 $P_2=0$ 时，$\dot{I}_2'\approx 0$，$\dot{I}_1=\dot{I}_{10}$；随着负载功率 P_2 的增大，转子电流 $\dot{I}_2'$ 增大，定子电流 $\dot{I}_1$ 也增大，所以定子电流 $\dot{I}_1$ 基本上也随 P_2 线性增大。定子电流特性曲线 $I_1=f(P_2)$ 如图 3-16 所示。

（3）功率因数特性：三相异步电动机在运行时需要从电网中吸取无功电流进行励磁，它的功率因数永远小于 1，所以定子电流 I_1 总滞后于电源电压 U_1。当空载时，定子电流为 I_{10}，基本上为励磁电流，这时功率因数很低，为 0.1～0.2。当负载增大时，励磁电流 I_{10} 保持不变，有功电流随着 P_2 的增大而增大，使 $\cos\varphi_1$ 也随着增大，当接近额定负载时，功率因数最高。如果进一步增大负载，转速下降速度加快，s 上升速度较快，使 $\dfrac{R_2'}{s}$ 下降速度较快，转子电流有功分量下降，使定子电流有功分量比例也下降，$\cos\varphi_1$ 反而减小。因此，如果三相异步电动机的功率不合适，长期在轻载或空载下运行，电动机就会长期在功率因数很低的状况下工作，造成很大的电能浪费。功率因数特性曲线 $\cos\varphi_1=f(P_2)$ 如图 3-16 所示。

（4）转矩特性：将 $T_2=P_2/\Omega$ 代入三相异步电动机稳态运行的转矩平衡方程 $T_{em}=T_2+T_0$，得

$$T_{em}=\frac{P_2}{\Omega}+T_0 \qquad (3-47)$$

当三相异步电动机空载，即 $P_2=0$ 时，$T_{em}=T_0$；当 P_2 在 $0\sim P_N$ 变化时，空载转矩 T_0 保持不变，s 变化很小，Ω 变化不大，根据式（3-47）可知 T_{em} 随 P_2 的增加而增加。电磁转矩特性曲线 $T_{em}=f(P_2)$ 为一近似直线，如图 3-16 所示。

（5）效率特性：三相异步电动机效率公式为

$$\eta=\frac{P_2}{P_1}=1-\frac{\sum P}{P_2+\sum P} \qquad (3-48)$$

从式（3-48）可知，当电动机空载时，$P_2=0$，$\eta=0$；随着输出功率 P_2 的增加，效率的变化情况取决于损耗 $\sum P$ 的变化。$\sum P=P_{Cu1}+P_{Fe}+P_{Cu2}+P_\Omega+P_\Delta$，其中 P_{Fe} 和 P_Ω 为定值损耗，即当 P_2 变化时，这部分损耗值保持不变；而 P_{Cu1}、P_{Cu2} 和 P_Δ 为变值损耗，随着输出功率 P_2 的增大，开始时变值损耗在 $\sum P$ 中占有很小的比例，$\sum P$ 增加得很慢，所以 η 上升很快，随着 η 的增大，变值损耗增加速度加快，使 η 增大速度减慢，当定值损耗等于变值损耗时，电动机的效率达最大。对于中、小型三相异步电动机，当 $P_2=0.75P_N$ 左右时，效率最高，即 $\eta=\eta_{max}$，当效率为 η_{max} 时负载继续增大，效率反而要降低。一般来说，三相异步电动机的容量越大，效率越高。从这一点来看，在选择三相异步电动机的容量时，应保持电动机长期工作在小于且接近额定负载的情况下。效率曲线 $\eta=f(P_2)$ 如图 3-16 所示。

第五节　三相异步电动机的控制

一、三相异步电动机的启动

三相异步电动机拖动系统在启动过程中要求：有足够大的启动转矩 T_{st}，使拖动系统具有较大的加速转矩，尽快达到正常运行状态；启动电流 I_{st} 不能太大，以免引起电源电压下降，影响其他电气设备的正常工作。所以，对三相异步电动机启动性能的要求以及启动方式的选择，应根据其所在的供电电网的容量，以及所带负载的不同而进行不同处理。本部分分别介绍三相笼型异步电动机和三相绕线式异步电动机的启动方法。

1. 三相笼型异步电动机的启动方法

三相笼型异步电动机转子不能串电阻，所以通常情况多采用直接启动和降压启动。

（1）三相笼型异步电动机的直接启动

直接启动的方法就是将额定电源电压直接接到三相笼型异步电动机的定子绕组上。这种启动方法操作最简单，不需要另外的启动设备，而且启动转矩 T_{st} 比降压启动时大。三相笼型异步电动机启动时的转速 $n=0$，$s=1$，因此在忽略励磁电流的情况下，启动电流 I_{stp} 为

$$I_{stp} = \frac{U_1}{\sqrt{(R_1 + R_2')^2 + (X_{1\sigma} + X_{2\sigma}')^2}} \quad (3\text{-}49)$$

与正常运行相比，$R_2' \ll \dfrac{R_2'}{s}$，所以启动电流很大。对于一般三相笼型异步电动机则有

$$I_{st} = K_I I_{1N} = (5\text{~}7)\, I_{1N} \quad (3\text{-}50)$$

式中：K_I——启动电流倍数；

I_{st}——启动时的线电流。

三相笼型异步电动机较大的启动电流会引起电网电压下降，造成同一电网其他用电设备不能正常工作，但没有得到相应的启动转矩。这是因为 $s=1$，造成转子功率因数角 $\varphi 2 =\arctan \dfrac{X_{2\sigma}'}{R_2'/s}$ 增加，$\cos\varphi_2$ 降低；同时由于 I_{stp} 增加，定子漏抗压降 $I_{stp}Z_1$ 很大，则电动势 $E_1=E_2'$ 减小，相应 Φ_m 值比正常运行时小很多，由 $T_{st}=C_T\Phi_m I_2'\cos\varphi_2$ 可知，启动转矩 T_{st} 很小。对于一般三相笼型异步电动机则有

$$T_{st}=K_{st}T_N=(0.9\sim 1.3)T_N \qquad (3-51)$$

式中：K_{st}——启动转矩倍数。

由式（3-50）和（3-51）可知，过大的启动电流没有得到对应的启动转矩。而一般情况下只有 $T_{st}\geqslant 1.1T_L$ 时，三相笼型异步电动机才能正常启动。所以在轻载和空载时，直接启动的启动转矩就足够大了。如果负载转矩 $T_L=T_N$，则除了要设法降低过大的启动电流外，还要设法加大 T_{st} 来满足启动要求。

三相笼型异步电动机直接启动时对电网的影响还取决于供电电网容量的大小。一般直接启动只能在 7.5 kW 以下的小功率电动机中使用。当电动机功率大于 7.5 kW 时，可用下面经验公式计算启动电流倍数是否满足直接启动的要求，即

$$K_1=\dfrac{I_{st}}{I_{1N}}\leqslant \dfrac{1}{4}\left[3+\dfrac{电源总容量（kV\cdot A）}{启动电机功率（kW）}\right] \qquad (3-52)$$

可见当电网容量足够大，启动电流倍数满足式（3-52）时，可允许直接启动。但是对频繁启动的三相笼型异步电动机来说，频繁出现短时大电流会使电动机内部发热而温升过高，但只要限制每小时最高启动次数，电动机也是能承受的。因此，对于频繁启动的三相笼型异步电动机，发热是要重点考虑的问题。

（2）三相笼型异步电动机的降压启动

当三相笼型异步电动机功率较大而启动负载转矩较小时，可以进行降压启动。通过降压来限制启动电流 I_{stp}。在启动时，$n=0$，$s=1$，启动电流 I_{stp} 与定子绕组电压 U_1（相电压）成正比。根据三相笼型异步电动机的机械特性，

三相笼型异步电动机的启动转矩为

$$T_{st} = \frac{3p}{2\pi f_1} \cdot \frac{U_1^2 R_2'}{(R_1+R_2')^2+(X_{1\sigma}+X_{2\sigma})^2} \qquad (3\text{-}53)$$

从式（3-53）可知，启动时降低电压 U_1，启动转矩以 U_1^2 成正比减小。所以，对于一个具体的拖动系统，一定要考虑到降压启动时是否有足够大的启动转矩。下面具体分析 3 种降压启动的方法。

① 定子串电阻或串电抗降压启动

在电动机启动过程中，在定子电路中串联电阻或电抗，启动电流在电阻或电抗上产生压降，降低了定子绕组上的电压，启动电流也减小。由于大型电动机串电阻启动能耗太大，多采用串电抗进行降压启动。

如果用 I_{st}、T_{st} 表示全压 U_1 启动（直接启动）时的启动电流和启动转矩，用 I_{st}'、T_{st}' 表示电压降至 U_1' 时的启动电流和启动转矩，根据式（3-49）和（3-53）有

$$\left.\begin{array}{l} \dfrac{U_1'}{U_1} = k < 1 \\[6pt] \dfrac{I_{st}'}{I_{st}} = k \\[6pt] \dfrac{T_{st}'}{T_{st}} = \left(\dfrac{U_1'}{U_1}\right)^2 = k^2 \end{array}\right\} \qquad (3\text{-}54)$$

式中：k——降压比。

显然，降压启动降低了电流，但转矩降低得更多。例如，当电压降至直接启动电压的 80% 时，降压启动电流和启动转矩分别为 $0.8I_{st}$ 和 $0.64T_{st}$。可知，在电动机的定子电路中串联电阻或电抗的启动方法，只适用于轻载启动。

② 自耦变压器降压启动

自耦变压器的降压启动原理如图 3-17 所示。图中，U_1 和 I_1 分别为自耦变压器的一次侧相电压和相电流，U_2 和 I_2 分别是自耦变压器二次侧相电压和相

电流，亦为加到三相笼型异步电动机定子绕组的电压和电流。W_1 和 W_2 分别为自耦变压器一次侧和二次侧绕组匝数，自耦变压器的变比为 $K_A = \dfrac{W_1}{W_2} > 1$。由变压器的原理得

$$\frac{U_1}{U_2} = \frac{W_1}{W_2} = K_A \quad (3\text{-}55)$$

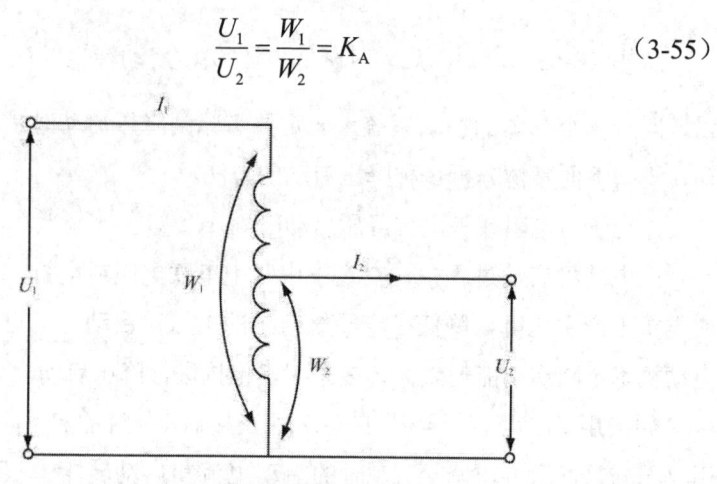

图 3-17 自耦变压器的降压启动原理

由于自耦变压器降压启动时，三相笼型异步电动机的定子电压和启动电流与变压器二次侧相等，分别为 U_2 和 I_2。设直接启动时三相笼型异步电动机的定子绕组所加电压为 U_1，启动电流为 I_{st}。当使用自耦变压器降压，加到三相笼型异步电动机上的启动电压降为 U_2，且 $U_2 = \left(\dfrac{1}{K_A}\right)U_1$ 时，启动电流 I_2 降低，$I_2 = \left(\dfrac{1}{K_A}\right)I_{st}$。由于自耦变压器一、二次侧电流关系为 $I_1 = \left(\dfrac{1}{K_A}\right)I_2$，通过自耦变压器启动以后，自耦变压器从电网汲取的电流 I_1 为

$$I_1 = \left(\frac{1}{K_A}\right)I_2 = \left(\frac{1}{K_A}\right)^2 I_{st} \quad (3\text{-}56)$$

另外根据式（3-53），当使用自耦变压器启动，电压降低到 $U_2 = \left(\dfrac{1}{K_A}\right)U_1$ 时，

启动转矩降低到 $\left(\dfrac{1}{K_A}\right)^2 T_{st}$（$T_{st}$ 为 U_1 时的启动转矩），可知启动转矩与启动电流降低同样的倍数，即

$$T_{st}' = \left(\dfrac{1}{K_A}\right)^2 T_{st} \tag{3-57}$$

这样，便获得了较好的启动性能，启动电流和启动转矩降低了同样的倍数。

为了满足不同负载要求，自耦变压器二次侧一般有三个抽头，分别为一次侧电压的 40%、60% 和 80%，供选择使用。这里需要注意的是，抽头表示为

$$80\% = \dfrac{W_2}{W_1} \text{ 或 } \dfrac{W_2}{W_1} = \dfrac{1}{K_A} = 80\%$$

三相笼型异步电动机串自耦变压器降压启动原理线路，由三相自耦变压器和接触器加上适当的控制线路组成。

串自耦变压器降压启动方法适用于容量较大的低压电动机，应用广泛，可以手动也可以自动控制。其优点是电压抽头可供不同负载选择；缺点是自耦变压器体积大，质量大，价格高，需要定期维修。

③星—三角（Y—△）降压启动

Y—△降压启动，是利用三相定子绕组的不同连接实现降压启动的一种方法。使用这种启动方法的三相笼型异步电动机，每相绕组引出 2 个出线端，共引出 6 个出线端，在启动时接成 Y 形，当转速稳定时再接成 △ 形。

电动机直接启动时电流的每相值为 $I_{p\triangle}$，线电流 $I_{st\triangle} = \sqrt{3} I_{p\triangle}$。由于 Y 接降压启动时，相电压降至直接启动电压的 $\dfrac{1}{\sqrt{3}}$，相电流同样降至直接启动的 $\dfrac{1}{\sqrt{3}}$，即 $\dfrac{I_{p\triangle}}{\sqrt{3}}$。Y 接降压启动时的线电流 I_{stY} 与相电流相等，即 $I_{stY} \dfrac{I_{p\triangle}}{\sqrt{3}}$。显然直接启动时的线电流 $I_{st\triangle}$ 与 Y 接降压启动时的线电流 I_{stY} 的关系为

$$\dfrac{I_{stY}}{I_{st\triangle}} = \dfrac{I_{p\triangle}/\sqrt{3}}{\sqrt{3} I_{p\triangle}} = \dfrac{1}{3}, \quad \text{即 } I_{stY} = \dfrac{1}{3} I_{st\triangle} \tag{3-58}$$

根据以上分析，采用 Y—△降压启动时，相电压和相电流比直接启动降低

至$\frac{1}{\sqrt{3}}$，对供电变压器造成的线电流冲击降低到直接启动的$\frac{1}{3}$。

根据式（3-53），直接启动时的启动转矩$T_{st\triangle}$与Y—△降压启动时的启动转矩T_{stY}的关系为

$$T_{stY} = \frac{1}{3}T_{st\triangle} \tag{3-59}$$

Y—△降压启动设备简单，价格便宜，因此是首选的启动方法。在Y系列中，4 kW以上的三相笼型异步电动机，定子绕组都设计成用△形接法，以便采用Y—△降压启动。

2.三相绕线式异步电动机的启动方法

（1）转子串电阻分级启动

转子串电阻分级启动是指在三相绕线式异步电动机转子回路串多级电阻，在启动时逐级切除转子串接电阻的过程。三相绕线式异步电动机转子串三级电阻的分级启动特性如图3-18所示。

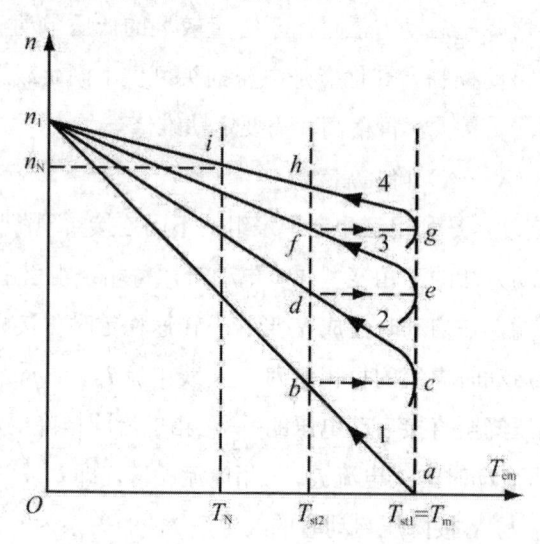

图3-18 三相绕线式异步电动机转子串三级电阻的分级启动特性

在启动时，三级电阻R_{c1}、R_{c2}、R_{c3}全部串入转子回路，其机械特性如图3-18中曲线1所示。从图中可见，启动转矩$T_{st1}=T_m>T_N$，如果电机在额定负

载 T_N 下启动，此时 $T_{st1}>T_N$，三相绕线式异步电动机拖动负载转动，转速 n 沿曲线 1 上升。为了具有更大的启动加速度，当启动转矩降到 T_{st2}，转速升到 b 点时，转子回路串接的三相电阻 R_{c3} 被短接，电动机立即切换到特性曲线 2，运行点从 b 点平移到 c 点，转速 n 再沿曲线 2 上升。当转速升到 d 点时，切除电阻 R_{c2}。这样电阻逐段切除，电动机逐段加速，直到在固有特性上的 i 点稳定运行时，启动过程结束。为了保证启动过程平稳快速，一般使启动转矩的最大值 T_{st1} 取（1.5～2）T_N，启动转矩最小值 T_{st2} 取（1.1～1.2）T_N。

从图 3-18 可知，改变转子回路串入电阻值，可以改变 $T-s$（即 $T-n$）曲线。显然，要使三相绕线式异步电动机启动转矩达到最大转矩，三相绕线式异步电动机转子回路的串电阻值 R_c' 应满足下式：

$$s_m = \frac{R_2' + R_c'}{\sqrt{R_1^2 + (X_{1\sigma} + X_{2\sigma}')^2}} = 1 \tag{3-60}$$

转子回路串电阻可以得到最大启动转矩，由于转子回路没有串电抗，所以启动时功率因数比转子串频敏变阻器高，而且启动电阻可以兼作调速电阻。转子串多级电阻启动，可以增大启动转矩。但是当三相绕线式异步电动机功率较大时，转子电流很大，若切除一级电阻，则会产生较大转矩冲击，如 $b \to c$ 的转矩变化。如要在启动过程中始终保持较小的转矩冲击，使启动过程平稳，就要增加启动级数，这会导致启动设备更复杂。

（2）转子回路串频敏变阻器启动

对于容量较大的三相绕线式异步电动机，常采用频敏变阻器来替代启动电阻。因为频敏变阻器的等效电阻在启动过程中会随着转速的升高而自动减小。

频敏变阻器实际上是一个三相铁芯线圈，它的铁芯是由钢板或铁板叠成的，其厚度大约是普通变压器硅钢片厚度的 100 倍，3 个铁芯柱上绕着连接成 Y 形的 3 个绕组，像一个没有二次侧绕组的三相变压器，其结构如图 3-19（a）所示。与变压器空载时的原边等效电路类似，频敏变阻器的一相等效电路是由一个线圈电阻 R_1、一个电抗 X_m 和一个反映铁芯铁损耗的等效电阻 R_m 串联而成的，如图3-19（b）所示。

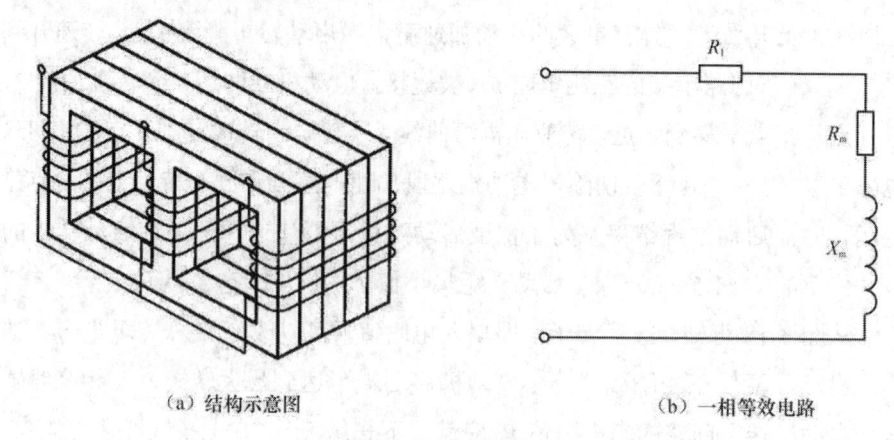

（a）结构示意图　　　　　　　　（b）一相等效电路

图3-19　频敏变阻器

由于频敏变阻器铁芯钢板很厚，所以反映铁芯铁损耗的等效电阻 R_m 比一般电抗器要大，并且 R_m 与铁芯绕组电流频率的平方成正比。当频敏变阻器铁芯线圈中电流频率增加时，涡流损耗将随之急剧增大，R_m 也会显著增加，反之亦然。

如果把频敏变阻器接入电动机转子绕组回路，用来启动三相绕线式异步电动机，就可以获得无级启动的效果。

二、三相异步电动机的调速

在三相异步电动机投入运行后，为适应生产过程的需要，有时要人为地改变电动机的转速，这个操作称为调速。注意：调速不是指电动机负载变化所引起的转速变化。

三相异步电动机的转速公式为

$$n = n_1(1-s) = \frac{60f_1}{p}(1-s) \qquad (3-61)$$

由式（3-61）可知，三相异步电动机的调速方法可以分成以下几种类型：

1. 变转差率调速（无级调速）

变转差率调速即在三相绕线式异步电动机的转子电路中接入调速电阻，改变电阻的大小，由此得到平滑调速。

变转差率调速是三相绕线式异步电动机特有的一种调速方法。其优点是调速平滑、设备简单、投资少，缺点是能耗较大。这种调速方式适用于恒转矩负载，如起重机。

2. 变频调速

变频调速是改变三相异步电动机定子电源频率 f_1，从而改变同步转速 n_1，实现三相异步电动机调速的一种方法。这种调速方法有很大的调速范围、很好的调速平滑性和足够硬度的机械特性，使三相异步电动机可获得类似于他励直流电动机的调速性能，是目前三相异步电动机调速的主流方法。

在变频调速时，以额定频率 f_{1N} 为基频，可以从基频向上调速，得到 $f_1 > f_{1N}$；也可以从基频向下调速，得到 $f_1 < f_{1N}$。

（1）从基频 f_{1N} 向上调速

如果按 $\dfrac{U_1}{f_1}$ = 常数，向基频 f_{1N} 以上调速，定子绕组电压要超过 U_{1N}，由于受到绕组绝缘的限制，这是不允许的。因此，从基频 f_{1N} 向上调速时，定子绕组电压只能保持 U_{1N} 不变，根据 $U_{1N} \approx E_1 = 4.44 f_1 N_1 K_{W1} \Phi_m$，气隙磁通必然随 f_1 的升高而减弱，类似于直流电机的弱磁升速。

（2）从基频 f_{1N} 向下调速

三相异步电动机从基频 f_{1N} 向下调速，也可以说是频率从 0 到 f_{1N} 的调速。这种运行方式一般应用于拖动系统的启动和升速阶段。为了系统尽快启动，电动机需要运行于比较高的转矩，并且恒转矩运行。

3. 变极调速

变极调速是根据 $n_1 = \dfrac{60 f_1}{p}$ 改变定子绕组极对数 p，以此改变同步转速 n_1。由于在三相异步电动机正常运行时，转差率 s 很小，根据 $n = (1-s) n_1$，电动机的转速与同步转速接近，改变同步转速 n_1 就可达到改变电动机转速 n 的目的。这种调速方法的特点是只能按极对数的倍数改变转速。

（1）变极调速的基本原理

定子绕组极对数的改变通常是通过改变定子绕组的连接方法来实现的。由于三相笼型异步电动机的定子绕组极对数改变时，转子极对数能自动地改变，始终保持 $p2=p1$，所以这种方法一般用于三相笼型异步电动机。一相绕组变极调速的基本原理如图 3-20 所示。

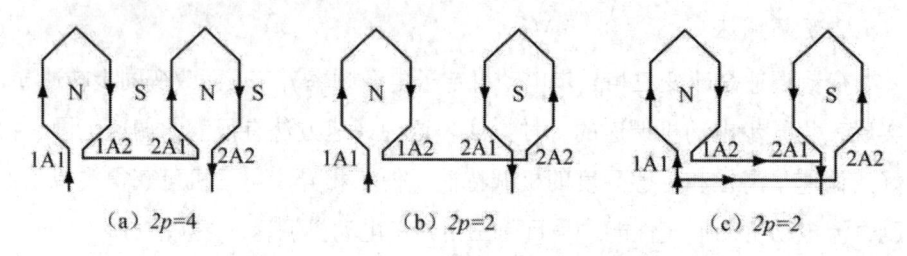

图 3-20　一相绕组变极调速的基本原理

图 3-20 是一相绕组的两个线圈，1A1、1A2 表示第一个线圈的首、尾；2A1、2A2 表示第二个线圈首、尾。若将两个线圈首尾依次串联相接，则可得到 $2p=4$ 的四极分布磁场，如图 3-20（a）所示。若将第一个线圈的尾 1A2 与第二个线圈的尾 2A2 连接，组成如图 3-20（b）所示的反向串联结构，则可得到 $2p=2$ 的两极分布磁场。若如图 3-20（c）所示反向并联，则可得到 $2p=2$ 的气隙磁场。

比较上面的连接方法，图 3-20（b）和（c）中的第二个线圈中的电流方向与图 3-20（a）中的相反，极对数也减少了一半。可见，只要将一相绕组中的任一半相绕组的电流反向，电机绕组的极对数就会成倍数变化，这就是一相绕组变极调速的基本原理。其他两相绕组变极调速的基本原理与此相同。这就是三相异步电动机变极调速的基本原理。

（2）变级调速的方法

改变定子绕组接线方式，使一半绕组电流反向的方法较多，最常用的变极调速电动机有 Y-YY 和△-YY 两种，下面将对△-YY 调速方法展开分析。

△-YY 变极调速电动机的定子绕组内部已接成△形，如图 3-21（a）所示。

每相由两个半相绕组相串而成，出线端为 A1、B1 和 C1，两半相绕组连接处分别有出线端 A2、B2 和 C2。

△接法时，出线端 A1、B1 和 C1 接三相电源，出线端 A2、B2 和 C2 悬空。这时每相两个半相线圈是顺接串联，定子绕组接成△形，如图 3-21（a）所示。如果这时电动机的磁极数 $2p=4$，则同步转速 $n_1=1\,500$ r/min。YY 接法时，出线端 A2、B2 和 C2 分别接对应的三相电源。而 A1、B1 和 C1 被短接，使定子绕组接成两个并联的 Y 形连接绕组，即变成双 YY 形绕组，如图 3-21（b）所示。在这种情况下，每相的两个半相绕组是反接并联的，使电动机的磁极数变为 $2p=2$，同步转速 $n_1=3\,000$ r/min。

需要特别强调的是，要保证改接后电机的转速不变，改接的同时必须调换三相电源中任意两相的相序。

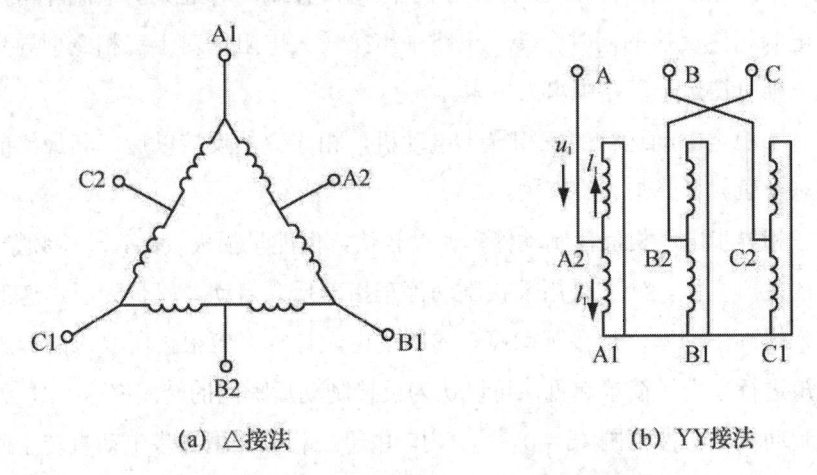

(a) △接法　　　　　　　　　　(b) YY接法

图 3-21　三相异步电动机△-YY 变极调速接线

三、三相异步电动机的制动

在实际运用中，有些生产机械往往需要快速、准确地停车，而电动机在脱离电源后，由于机械惯性的存在，需要一段时间才能完全停止，这就要求对电动机采取有效的制动措施。三相异步电动机的制动主要有两大类，即机械制动和电力制动。

在切断电源后,利用机械装置使电机迅速停转的方法称为机械制动。应用较普遍的机械制动装置有电磁抱闸和电磁离合器两种。

使电机在切断电源后,产生一个和电机实际旋转方向相反的电磁力矩(制动力矩),迫使电机迅速停转的方法称为电力制动。常用的电力制动方法有反接制动和能耗制动等。这里主要介绍电力制动。

1. 反接制动

当三相异步电动机带动负载稳定运行在电动状态时,突然改变定子电源相序,使三相异步电动机的旋转磁场瞬间与转速相反,电动机便进入了反接制动状态。

对于三相绕线式异步电动机,为了限制反接制动时过大的电流冲击,可以在电源相序反接的同时在转子电路中串接较大电阻。对于三相笼型异步电动机,则可在定子回路中串入电阻。

对于稳定电动运行的三相异步电动机,相序突然反接以后,其最终的运行状态及负载形式与大小有关。

三相异步电动机反接制动停车速度较快,但能量损失较大。一些频繁正、反转的生产机械,经常采用反接制动停车接着反向启动,就是为了迅速改变转向,提高生产率。反接制动停车的制动电阻计算,应根据所要求的最大制动转矩进行。为了简单起见,可以认为反接制动后瞬间的转差率 $s \approx 2$,处于反接制动机械特性范围 ($s=0 \sim s_m$) 内。由于三相鼠笼型异步电动机转子回路无法串电阻,因此反接制动不能过于频繁。

2. 能耗制动

能耗制动是当三相异步电动机处于电动运行状态,并有转速 n 时,切断电动机的三相交流电源,并立即把直流电通入它的定子绕组的运行状态。

能耗制动时,在电源切换后的瞬间,直流电流 I_f 从 A 相流入并从 B 相流出,如图 3-22 (a) 所示。I_f 在 A、B 两相绕组产生空间固定磁动势 F_A 和 F_B,

其合成磁动势 F_f 是一个不旋转的空间固定磁通势，如图 3-22（b）所示。

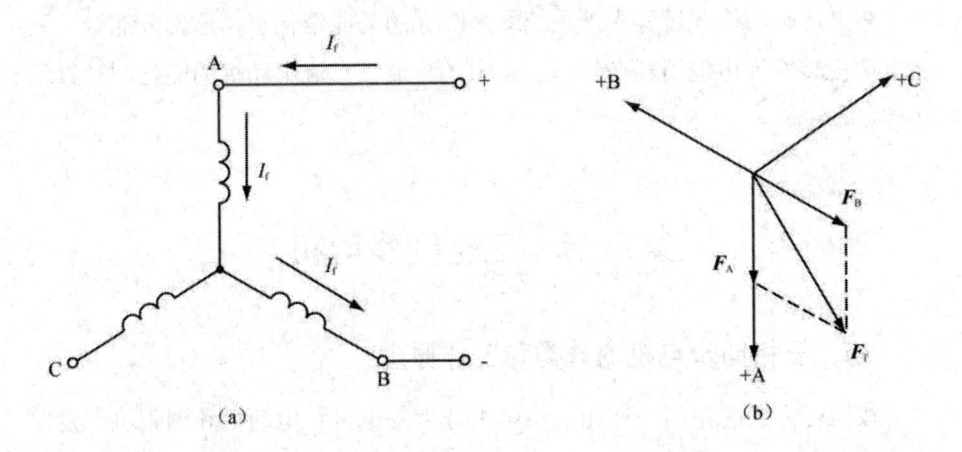

图 3-22 三相异步电动机定子通入直流时的磁动势

在电源切换后，由于电动机继续以转速 n 转动，所以转动的转子绕组切割空间磁动势 F_f 感应电动势 E_{2s}，E_{2s} 引起电流 I_{2s}，转子电流 I_{2s} 与恒定磁场作用产生转矩 T_{em}，根据左手定则可以判定 T_{em} 的方向与转速 n 的转向相反。三相异步电动机能耗制动力产生原理如图 3-23 所示。

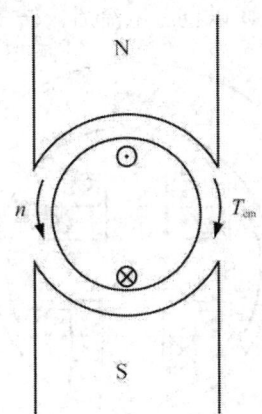

图 3-23 三相异步电动机能耗制动力产生原理

如果电动机拖动的负载为反抗性恒转矩负载，在制动转矩作用下，电动机减速运行。直至转速 $n=0$ 时，磁动势 F_f 与转子相对静止，$E_{2s}=0$，$I_{2s}=0$，

$T_{em}=0$，减速过程终止。

在上述制动停车过程中，系统原来贮存的动能消耗了，这部分能量主要被电动机转换为电能消耗在转子回路中，与他励直流电动机的能耗制动过程相似。

第六节　三相同步电机

一、三相同步电机的分类和工作原理

按运行方式的不同，三相同步电机分为发电机、电动机和调相机。发电机把机械能转换为电能；电动机把电能转换为机械能；调相机专门用来调节电网的无功功率。这里主要介绍电动机和发电机。

三相同步电机的定子又称为电枢，一般和三相异步电机的定子相同，即在定子铁芯内圆均匀分布的槽内嵌放三相对称绕组。三相同步电机的工作原理如图 3-24 所示，图中只画了一相绕组。三相同步电机的转子绕组主要由励磁绕组等组成。当励磁绕组通以直流电流后，转子即建立恒定磁场。

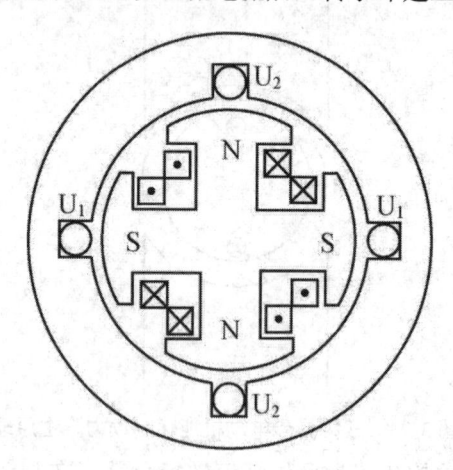

图 3-24　三相同步电机的工作原理图

如果三相同步电机作为发电机运行，当原动机拖动转子旋转时，其磁场

切割定子绕组产生交流电动势。如果三相同步发电机接上负载，将有三相电流流过。这说明三相同步发电机把机械能转换成了电能。

如果三相同步电机作为电动机运行，当在定子绕组上施以三相交流电压时，电动机内部将产生一个定子旋转磁场，其旋转速度为同步转速 n_1。转子将在定子旋转磁场的带动下，带动负载沿定子磁场的方向以相同的转速旋转。此时，三相同步电动机将电能转换为机械能。

综上所述，三相同步电机无论作为发电机还是作为电动机运行，其转速与频率之间都将保持严格不变的关系。当电网频率一定时，电动机转速为恒定值，这是三相同步电机和三相异步电机的基本差别之一。

二、三相同步电动机的分类

按结构形式的不同，三相同步电动机分为旋转电枢式和旋转磁极式。前者在某些小容量三相同步电动机中得到应用，后者应用比较广泛，并成为三相同步电动机的基本结构形式。旋转磁极式三相同步电动机按磁极形状不同，又分为凸极式和隐极式两种，如图 3-25 所示。凸极式气隙不均匀，极弧底下气隙较小，极间部分气隙较大。隐极式气隙是均匀的，转子做成圆柱形。

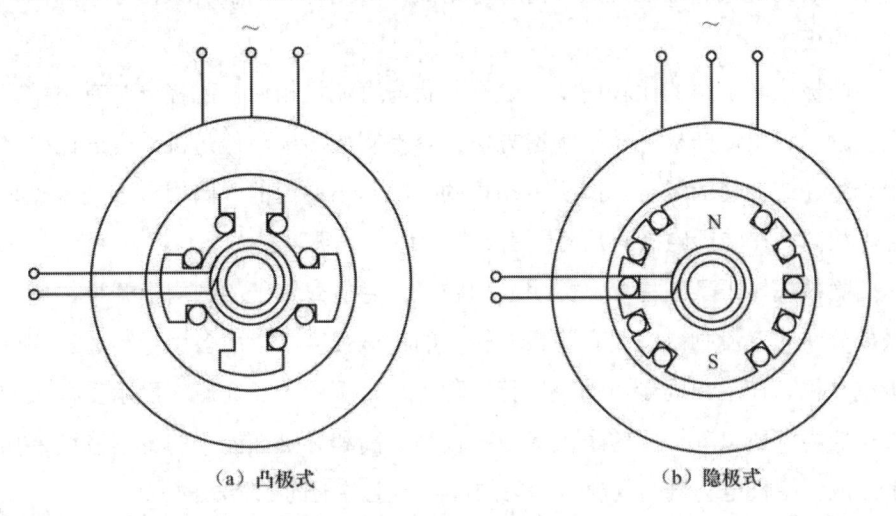

(a) 凸极式　　　　　　(b) 隐极式

图 3-25　旋转磁极式三相同步电动机

三、三相同步电动机的基本结构

与其他旋转电机一样,三相同步电动机主要分为定子和转子两部分。

(1) 定子

定子由定子铁芯、定子绕组、机座、端盖、挡风装置等部件组成。定子铁芯由厚度为 0.35 mm 或 0.5 mm 的硅钢片叠成,每叠厚 3~6 cm,各叠之间留有 1 cm 的通风槽,以利于铁芯散热。当定子铁芯的外径大于 1 m 时,为了合理地利用材料,其每层硅钢片常由若干块扇形片组合而成,叠装时把各层扇形间的接缝互相错开,压紧后仍为整体的圆筒形铁芯。整个铁芯固定于机座上。

在定子铁芯圆槽内嵌放定子绕组,一般均采用三相双层短距叠绕层,为了减少由集肤效应引起的附加损耗,绕组导线常由许多绝缘的扁铜线并联,并且在槽内直线部分按一定方式进行编织换位。定子机座应有足够的强度和刚度,并满足通风散热的需要。一般机座都是由钢板焊接而成的。

(2) 转子

与三相异步电动机转子结构不同,三相同步电动机转子通常由转子铁芯、转轴、启动绕组、励磁绕组和滑环等组成。其结构有两种类型,分别为凸极式和隐极式。

凸极式转子结构比较简单,磁极形状与直流机相似,磁极上装有集中式直流励磁绕组。凸极式转子制造方便,容易制成多极,但是机械强度低,多用于中速或低速的场合。凸极电动机的气隙是不均匀的,圆周上各处的磁阻各不相同,在转子磁极的几何中线处气隙最大,磁阻也大。

隐极式转子呈圆柱形,无明显的磁极。隐极式转子的圆周上开槽,槽中嵌放分布式直流励磁绕组。隐极式转子的机械强度高,故多用于高速三相同步电动机。在三相同步电动机运行过程中,转子由于高速旋转而承受很大的机械应力,所以隐极式转子大多由整块强度高和导磁性能好的铸钢或锻钢加工而成。隐极电动机的气隙是均匀的,圆周上各处的磁阻相同。

此外,三相同步电动机转子磁极表面都装有类似三相笼型异步电动机转子的短路绕组，由嵌入磁极表面的若干铜条组成，这些铜条的两端用短路环连接起来。此绕组在三相同步电动机中主要做启动绕组使用，在同步运行时也起稳定作用。

滑环装在转子轴上，经引线接至励磁绕组，并由电刷接到励磁装置。

四、三相同步电动机的额定值及励磁方式

1.三相同步电动机的额定值

额定值是制造厂对电机正常工作方式所做的使用规定，也是设计和试验电机的依据。三相同步电动机的额定值如下：

（1）额定容量（S_N）或额定功率（P_N）

额定容量 S_N 或额定功率 P_N 指电机在额定状态下运行时，输出功率的保证值。三相同步电动机的额定容量，一般以 kW 为单位。

（2）额定电压（U_N）

额定电压 U_N 指电动机在额定运行时的三相定子绕组的线电压，常以 kV 为单位。

（3）额定电流（I_N）

额定电流 I_N 指电动机在额定运行时的三相定子绕组的线电流，常以 A 或 kA 为单位。

（4）额定频率（f_N）

我国的标准工频为 50 Hz。

（5）额定功率因数（$\cos\varphi_N$）

额定功率因数 $\cos\varphi_N$ 指电动机额定运行时电动机的功率因数。

除上述额定值外，铭牌上还列出电动机的额定效率 η_N、额定转速 n_N、额定励磁电流 I_{fN}、额定励磁电压 U_{fN} 和额定温升等。

2.三相同步电动机的励磁方式

三相同步电动机运行时必须在转子绕组中通以直流励磁电流，以建立主磁场。所谓励磁方式是指三相同步电动机获得直流励磁电流的方式，而整个

供电励磁电流的线路和装置为励磁系统。励磁系统和三相同步电动机有密切关系，它直接影响三相同步电动机运行的可靠性、经济性等特性。常用的励磁方式有：直流励磁机励磁、静止半导体励磁、旋转半导体励磁和三次谐波励磁。

五、三相同步发电机的电枢反应

当同步发电机接入三相对称负载后，如保持转速和励磁电流不变，发电机的端电压将随着负载的性质不同而变化。如带上电阻性负载时电压将减小，带上感性负载时电压下降更多，带上电容性负载时电压则可能增加。这里从同步发电机带上三相对称负载后对气隙磁场的影响来分析其原因。

当同步发电机空载运行时，气隙中仅存在一个以同步转速旋转的主极磁场，在定子绕组中感应空载电动势。当接上三相对称负载时，定子绕组中就有三相对称电流流过，产生一个旋转的电枢磁场。因此，这时在同步发电机的气隙中同时存在着两个磁场，即主极磁场和电枢磁场。这两个磁动势以相同的转速、相同的转向旋转着，彼此没有相对运动。此时主极在励磁磁动势和电枢磁动势的基波之间构成了负载时气隙的合成磁动势。电枢磁动势的基波在气隙中将使气隙磁动势的大小及位置均发生变化，这种影响称为电枢反应。电枢反应的性质，取决于电枢磁动势基波和主极磁动势基波之间的相对位置，即与励磁电动势和电枢电流之间的夹角 φ 有关。φ 定义为内功率因数角，与负载的性质有关。

六、三相同步发电机的电动势

1. 不考虑磁饱和时

当同步发电机接入三相对称负载运行时，除了主极磁动势 F_f 之外，还有电枢磁动势 F_a。如果不计磁饱和（即认为磁路为线性），则可应用叠加原理，把 F_f 和 F_a 的作用分别单独考虑，再把它们的效果叠加起来。设 F_f 和 F_a 各自产生主磁通 Φ_0 和电枢磁通 Φ_a，并在定子绕组内感应出相应的激磁电动势 $\dot{E}_0$ 和

电枢反应电动势 $\dot{E}_a$，把 $\dot{E}_0$ 和 $\dot{E}_a$ 相量相加，可得电枢一相绕组的合成电动势 $\dot{E}$（也称为气隙电动势）。上述关系可表示为

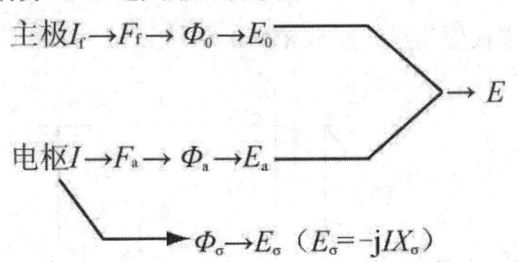

$$\begin{array}{l}主极 I_f \rightarrow F_f \rightarrow \Phi_0 \rightarrow E_0 \\ \\ 电枢 I \rightarrow F_a \rightarrow \Phi_a \rightarrow E_a \\ \searrow \Phi_\sigma \rightarrow E_\sigma\ (E_\sigma = -jIX_\sigma)\end{array} \Rightarrow E$$

再把气隙电动势 $\dot{E}$ 减去电枢绕组的电阻压降 $\dot{I}R_a$ 和漏抗压降 $j\dot{I}X_\sigma$（X_σ 为电枢绕组的漏电抗），便得到电枢绕组的端电压 $\dot{U}$。

2.考虑磁饱和时

当考虑磁饱和时，由于磁路的非线性，叠加原理不再适用。此时，应先求出作用在主磁路上的合成磁动势 F，然后利用电机的磁化曲线（空载曲线）求出负载时的气隙磁通 $\dot{\Phi}$ 及相应的气隙电动势。考虑磁饱和时隐极三相同步发电机的相量如图 3-26（a）和（b）所示。图 3-26（a）中既有电动势相量，又有磁动势矢量，故称为电动势—磁动势图。

(a) 电动势—磁动势图

(b) 由合成磁动势 F 确定气隙电动势 E

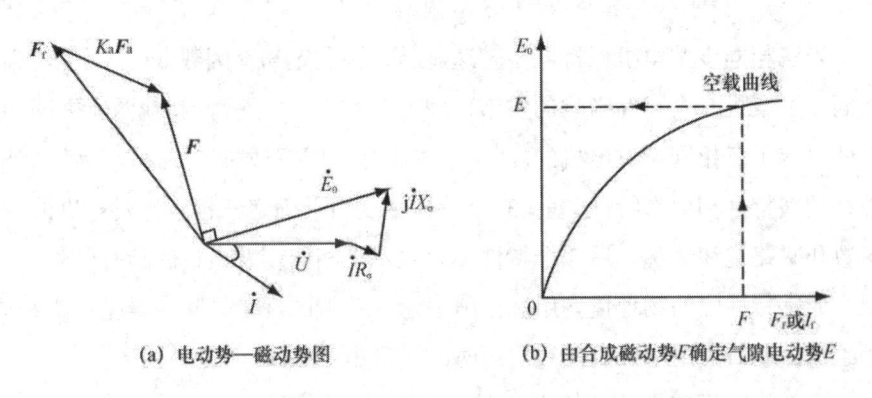

图 3-26 考虑磁饱和时隐极三相同步发电机的相量图

这里有一点需要注意，通常的磁化曲线习惯上用励磁磁动势 F_f 的幅值（对于隐极电机，励磁磁动势为一梯形波，如图 3-27 所示）或励磁电流值作为横坐标，而电枢磁动势 F_a 的幅值则是基波的幅值，因此在 F_f 和 F_a 矢量相加时，

需要把基波电枢磁动势 F_a 乘上换算系数 K_a，以换算为等效梯形波的作用。K_a 的意义为，产生同样大小的基波气隙磁场时，一安匝的电枢磁动势相当于多少安匝的梯形波主极磁动势。通常 $K_a \approx 0.93 \sim 1.03$。

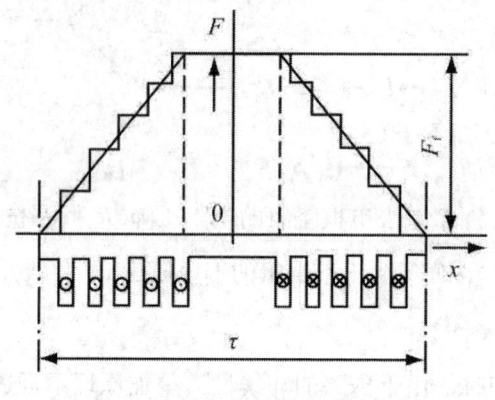

图 3-27　隐极电机的励磁磁动势

考虑饱和效应的另一种方法是，通过运行点将磁化曲线线性化，并找出相应的同步电抗饱和值 X_s（饱和），把问题化为线性问题来处理。

七、三相同步发电机的基本特性

当三相同步发电机保持同步转速旋转，并假定功率因数 $\cos\varphi$ 不变，则三相同步发电机 3 个相互影响的量 U、I 和 I_f 中的一个不变，其他两者之间的关系就决定了三相同步发电机的 5 个基本特性，即空载特性、短路特性、外特性、调整特性和效率特性。前 3 个特性主要用于确定三相同步发电机的稳态参数和磁路饱和情况，后 2 个特性主要表示三相同步发电机的运行特性。

通常特性中的物理量均用标幺值表示，其值的规定与其他类型电机相同，励磁电流基值采用空载为额定电压时的励磁电流 I_{f0}。

标幺值是短路电流计算中的概念，指选定一个基准容量和基准电枢，将短路计算中的各个参数都转化为和该参数的基准量的比值。

1. 空载特性

空载特性是在三相同步发电机的转速保持为同步转速（$n=n_1$）、电枢开路

($I=0$) 的情况下，空载电压 ($U_0=E_0$) 与励磁电流 I_f 的关系曲线 $U_0=f(I_f)$。

空载特性曲线本质上就是电机的磁化曲线。通过实验测定空载特性时，由于磁滞现象，当励磁电流 I_f 从零改变到某一最大值，再由此值减小到零时，将得到上升和下降两条曲线，一般采用从 $U_0 \approx 1.3 U_N$ 开始直至 $I_f=0$ 的下降曲线。空载特性曲线的校正如图 3-28 所示。图中 $I_f=0$ 时的电动势为剩磁电动势。延长曲线与横轴相交，交点的横坐标绝对值 Δi_{f0} 作为校正量。在所有实验励磁电流数据上加上此值，即得到通过原点的校正曲线。

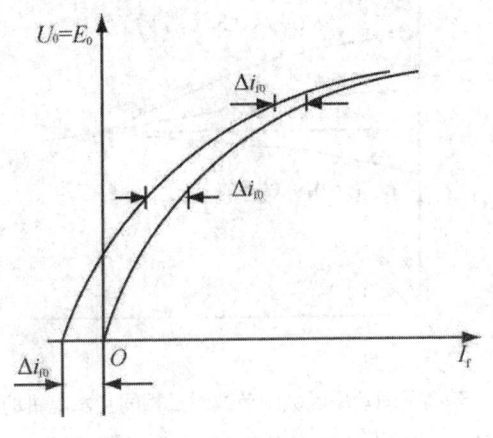

图 3-28 空载特性曲线的校正

2. 短路特性

短路特性是指三相同步发电机在同步转速下，电枢绕组端点三相短接时，电枢短路电流 I_s 与励磁电流 I_f 的关系曲线 $I_s=f(I_f)$。

当短路时，三相同步发电机的端电压 $U=0$，限制短路电流的仅是三相同步发电机的内部阻抗。由于一般三相同步发电机的电枢电阻 R_a 远小于同步阻抗，所以短路电流可认为是纯感性的。这时的电枢电流几乎全部为直轴电流，它所产生的电枢磁动势基本上是一个纯去磁作用的直轴磁动势，即 $F_a=F_{ad}$，$F_{aq}=0$，此时电枢绕组的电抗为直轴同步电抗 X_d。

3. 外特性

外特性表示当三相同步发电机的转速为同步转速，且励磁电流和负载功率因数不变时,三相同步发电机的端电压与电枢电流之间的关系,即当 $n=n_s$, $I_f=$ 常值,$\cos\varphi=$ 常值时,$U=f(I)$。

图 3-29 表示带有不同功率因数的负载时三相同步发电机的外特性。从图中可见,在感性负载和纯电阻负载时,外特性是下降的,这是电枢反应的去磁作用和漏阻抗压降所引起的。在容性负载且内功率因数角为超前时,由于电枢反应的增磁作用和容性电流的漏抗电压上升,外特性也可能是上升的。

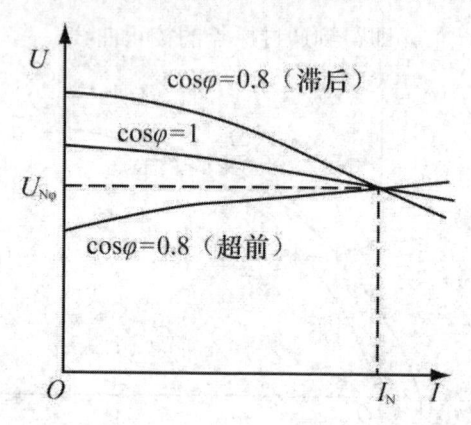

图 3-29 带有不同功率因数的负载时三相同步发电机的外特性

根据外特性可以求出三相同步发电机的电压调整率。调节三相同步发电机的励磁电流,使电枢电流为额定电流、功率因数为额定功率因数、端电压为额定电压,此励磁电流 I_{fN} 称为三相同步发电机的额定励磁电流。然后保持励磁电流为 I_{fN},转速为同步转速,卸去负载($I_{fN}=0$),此时端电压升高的百分值称为三相同步发电机的电压调整率,凸极三相同步发电机的 Δu 通常为 18%~30%;隐极三相同步发电机由于电枢反应较强,Δu 通常为 30%~48%。

4.调整特性

调整特性表示当三相同步发电机的转速为同步转速,端电压为额定电压,负载的功率因数不变时,励磁电流与电枢电流之间的关系,即 $n=n_s$,$U=U_{N\Phi}$,$\cos\varphi=$ 常值时,$I_f=f(I)$。

图 3-30 表示带有不同功率因数的负载时三相同步发电机的调整特性。由

图可见，在感性负载和纯电阻负载时，为补偿电枢电流所产生的去磁性电枢反应和漏阻抗压降，随着电枢电流的增加，必须相应地增加励磁电流，此时调整特性是上升的。在容性负载时，调整特性也可能是下降的。从调整特性可以确定额定励磁电流 I_{fN}。

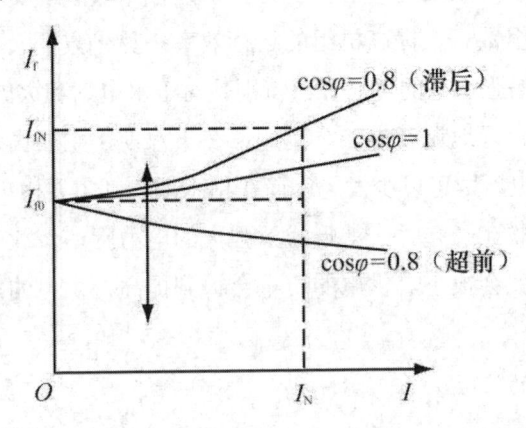

图 3-30　带有不同功率因数的负载时三相同步发电机的调整特性

5. 效率特性

效率特性是指当转速为同步转速、端电压为额定电压、功率因数为额定功率因数时，三相同步发电机的效率与输出功率的关系，即 $n=n_s$，$U=U_{N\Phi}$，$\cos\varphi=\cos\varphi_N$ 时，$\eta=f(P_2)$。

三相同步发电机的基本损耗包括电枢的基本铁损耗 P_{Fe}、电枢的基本铜损耗 P_{Cu}、励磁损耗 P_{Cuf}、机械损耗 P_Ω 和杂散损耗。电枢的基本铁损耗是指主磁通在电枢铁芯齿部和轭部中交变所引起的损耗。电枢的基本铜损耗是当换算到基准工作温度时，电枢绕组的直流电阻损耗。励磁损耗包括励磁绕组的基本铜损耗、变阻器内的损耗、电刷的电损耗等。机械损耗包括轴承、电刷的摩擦损耗和通风损耗。杂散损耗包括电枢漏磁通在电枢绕组和其他金属结构部件中所引起的涡流损耗，高次谐波磁场掠过主极表面所引起的表面损耗等。

八、三相同步发电机的并联运行

现代电力系统一般总量是由许多发电厂（包括利用不同能源发电的火电厂、水电站和核电站）并联组成的。而每个发电厂或电站通常又有多台三相同步发电机在一起并联运行。这样一方面可以根据负载的变化统一调度，调整投入运行的机组数目，提高机组的运行效率；另一方面又可以合理地安排定期轮流检修，增强供电的可靠性。特别是对于水电站和火电厂并联的系统，可以充分利用和合理地调度电能。例如：在丰水期，主要由水电站发出大量廉价的电力，火电厂则可以少发电；而在枯水期，则主要由火电厂提供电力。当许多发电厂并联在一起时，就形成了强大的电力网，负载的变化对电网电压和频率的影响就会很小，供电的质量会得到提高，供电的可靠性也会得到增强。

1. 并联运行的方法

（1）准同期法

采用准同期法时，并联的条件为：

①机电压和电网电压大小相等且波形相同，即 $\dot{U}_g = \dot{U}_s$；

②发电机电压相位和电网电压相位相同；

③发电机的频率和电网频率相等，即 $f_g = f_s$；

④发电机和电网的相序相同。

在上述条件中，发电机电压波形在制造电机时已得到保证。第④项要求一般也会得到满足，因为在安装发电机时，会根据发电机规定的旋转方向，确定发电机的相序。这样在并联投入时只要使待并发电机的电压、相位和频率与电网相同，即满足了并联条件。事实上，绝对地符合并联条件只是一种理想状态，通常允许在小的冲击电流下将发电机投入电网并联运行。

准同期法的优点是投入励磁瞬间，发电机与电网间无电流冲击；缺点是操作复杂，需要较长的时间进行调整。尤其是当电网处于异常状态时，电压和频率都在不断地变化，此时要用准同期法并联就相当困难。因此，其主要用于系统正常运行时的并联。

（2）自同期法

在系统事故状态下为迅速将机组投入电网，可采用自同期法。

所谓自同期法是指三相同步发电机在不加励磁的情况下，把励磁绕组经过电阻短接，然后启动发电机，待其转速接近同步转速时合上并联开关，将发电机投入电网，再立即加上直流励磁，此时依靠定子和转子磁场间形成的电磁转矩，可把转子迅速地牵入同步。

自同期法操作简单、迅速，缺点是合闸及投入励磁时有电流冲击。

2.三相同步发电机有功功率的调节

一台三相同步发电机并入电网后，必须向电网输送功率，并根据电力系统的需要随时进行调节，以满足电网中负载变化的需要。对于三相同步发电机，电磁转矩是以阻力矩的形式出现的，它对应于通过感应关系传递给定子的电磁功率。

为简化分析，设已并网的发电机为隐极电机，略去饱和的影响和电枢电阻，且认为电网电压和频率恒为常数，即认为发电机是与无穷大电网并联。

一般当发电机处于空载运行状态时，发电机的输入机械功率 P_1 恰好和空载损耗 $P_0 = P_{mec} + P_{Fe} + P_{ad}$ 相平衡，没有多余的部分可以转化为电磁功率，即 $P_1 = P_0$，$T_1 = T_0$，$P_{em} = 0$。与无穷大电网并联时三相同步发电机有功功率的调节如图 3-31 所示。此时虽然可以有 $E_0 > U$，且有电流 I 输出，但它是无功电流，气隙合成磁场和转子磁场的轴线重合，功角等于零。

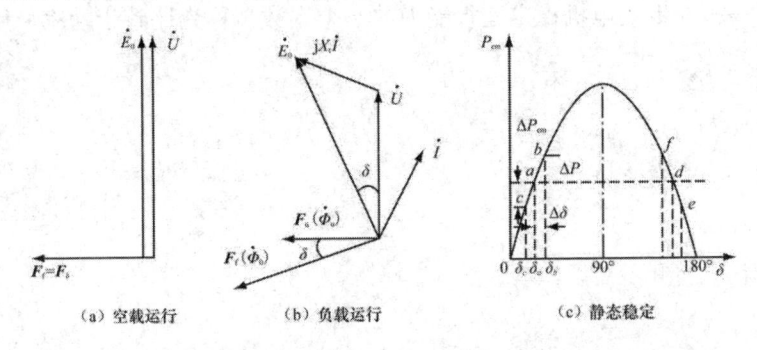

(a) 空载运行　　(b) 负载运行　　(c) 静态稳定

图 3-31　与无穷大电网并联时三相同步发电机有功功率的调节

当增加原动机的输入功率 P_1，即增大了输入转矩 T_1 时，$T_1 > T_0$，出现了剩余转矩（$T_1 - T_0$），使转子瞬时加速，主磁极位置将沿转向超前气隙合成磁场，相应地 $\dot{E}_0$ 也超前 $\dot{U}$ 一个 δ 角，使 $P_{em} > 0$，发电机开始向电网输出有功电流，并同时出现与电磁功率 P_{em} 相对应的制动电磁转矩 T。当 δ 增大到某一数值，使电磁转矩与剩余转矩（$T_1 - T_0$）相平衡时，发电机的转子就不再加速，最后平衡在对应的功角 δ 值处。

由此可见，要调节三相同步发电机的有功功率的输出，就必须调节来自原动机的输入功率，在调节功率的过程中，转子的瞬时转速虽然稍有变化，但在进入一个新的稳定状态后，发电机的转速仍保持同步速度。

不断地加大发电机的输入功率，并不一定能使发电机稳定地输出电能，因为发电容量除了受绕组的容量限制之外，主要还受到静态稳定的限制。对于隐极电机，当功角达到 90° 时，电磁功率将达到功率的极限 P_{emmax}，若再增加输入，则剩余功率会使转子继续加速，δ 角继续增大，电磁功率反而减小，导致电机的转速连续提升至失步，或称为失去静态稳定。

所谓静态稳定，是指当电网或原动机方面出现某些微小扰动时，三相同步发电机能在这种瞬时扰动消失后，继续保持原来的平衡状态，这时的三相同步发电机是静态稳定的。

分析表明，在功率特性曲线的上升部分的工作点都是静态稳定的，下降部分的工作点都是不稳定的，因此静态稳定的条件用数学式表示为 $\dfrac{dP_{em}}{d\delta}$。它是平衡三相同步发电机稳定运行能力的一个系数，称为比整步功率，用 P_{syn} 表示。

第四章 特种电机

第一节 步进电动机

一、步进电动机的基本结构和运行方式

步进电动机的基本结构如图 4-1（a）所示，定子和转子都用硅钢片叠成。定子上有 3 对磁极，每对磁极上绕有一个绕组，3 对磁极有 3 个绕组，称为三相绕组，绕组数称为步进电动机的相数。图中转子有 4 个极，其上无绕组，本身也无磁性。在工作时，脉冲信号电压按一定顺序加到定子三相绕组 A－A′、B－B′、C－C′上，如图 4-1（b）所示。

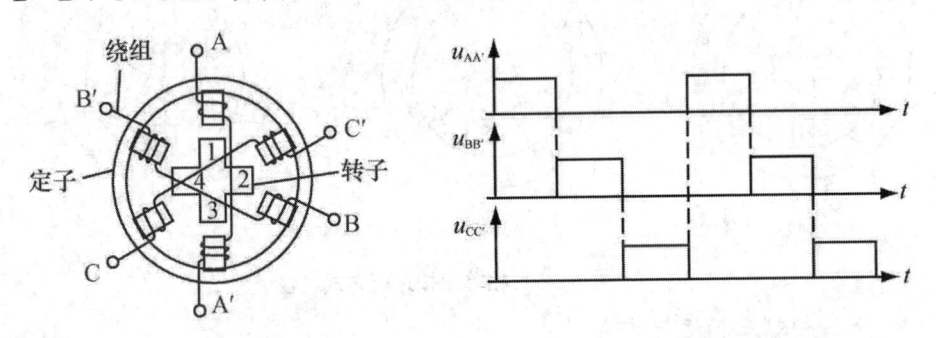

(a) 步进电动机的基本结构图　　　(b) 步进电动机的通电顺序

图 4-1　步进电动机

按其通电方式不同，步进电动机有 3 种运行方式。

1. 三相单三拍运行方式

"三相"是指步进电动机定子有三相绕组，"单"是指每次只有一相绕组

通电，"三拍"是指通电三次完成一个循环，即定子绕组按 A—B—C—A（或 A—C—B—A）的顺序通电。三相定子电压 $u_{AA'}$、$u_{BB'}$、$u_{CC'}$ 的电压波形如图 4-1（b）所示。

当 A 相绕组通电时，电机内建立起以 A—A' 为轴线的磁场，在磁场中转子受力，磁通的路径不同，转子受力的大小与方向也不一样。由于磁通要走磁阻最小的路径，所以转子总是趋向于转到磁阻最小的位置，如图 4-2（a）所示。在磁阻不对称的情况下，转子在磁场中受到的转矩称为反应转矩。由于反应转矩的作用，转子转动。

当 B 相绕组通电时，所形成的磁场如图 4-2（b）所示，在反应转矩的作用下，转子沿顺时针方向转过 30°。当 C 相绕组通电时，所形成的磁场如图 4-2（c）所示，这时转子沿顺时针方向转过 60°。以后重复上述通电过程，转子将每次以 30° 的角度沿顺时针方向旋转。若改变三相绕组的通电顺序，即按 A—C—B—A 的顺序通电，转子就会逆时针方向旋转。

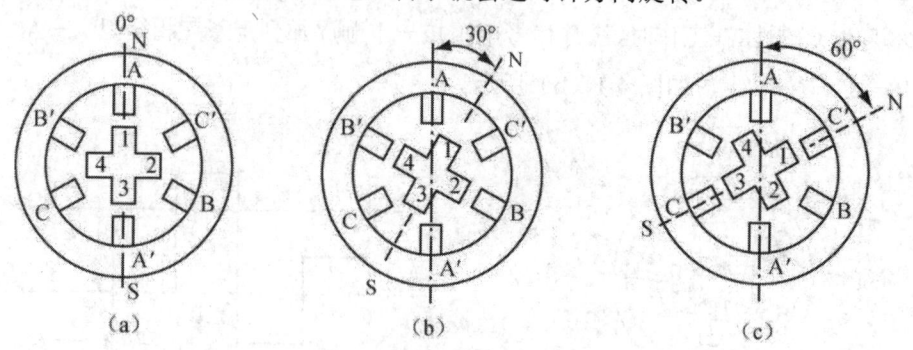

图 4-2 三相单三拍运行方式

2.三相双三拍运行方式

这种运行方式是每次有两相绕组通电，通电三次完成一个循环，故称为双三拍。通电顺序为 AB—BC—CA—AB，如图 4-3 所示。在图 4-3（a）中，A、B 相绕组通电。在图 4-3（b）中，B、C 相绕组通电。在图 4-3（c）中，C、A 相绕组通电。每次通电，转子转过的角度是 30°。

(a)   (b)   (c)

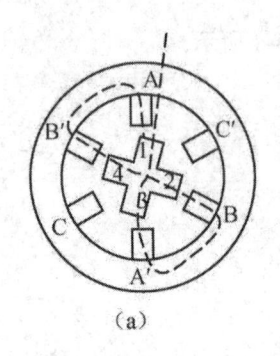

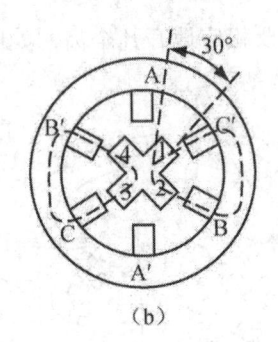

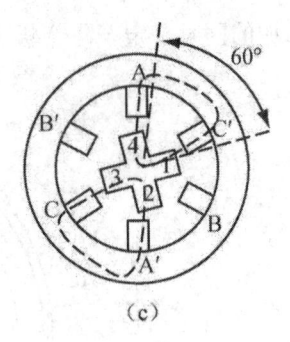

图 4-3　三相双三拍运行方式

3.三相单双六拍运行方式

在这种运行方式中，定子绕组的通电顺序为 A－AB－B－BC－C－CA－A。其中有单相绕组通电，也有双向绕组通电，需要通电 6 次完成一个循环。每次通电转子转过的角度是 15°。

二、步进电动机的步距角和转速

每输入一个脉冲，转子转过的角度称为步距角，用 θ 表示。由以上分析可知，步距角 θ 的大小与转子的齿数 Z 及通电循环的拍数 N 有关，它们的关系为

$$\theta = \frac{360°}{ZN} \tag{4-1}$$

转子每转过一个步距角相当于转了 $\frac{1}{ZN}$ 圈，若脉冲频率为 f，则转子每秒钟就转了 $\frac{f}{ZN}$ 圈，所以转子每分钟转速为

$$n = \frac{60f}{ZN}(\text{r}/\min) \tag{4-2}$$

三、小步距角步进电动机

以上介绍的步进电动机步距角太大，不能在实际中使用，因此要减小步距角。通常小步距角步进电动机是通过增加转子齿数实现的。在转子齿数增

加的同时，定子每个极上也要相应地开几个齿，如图4-4所示。

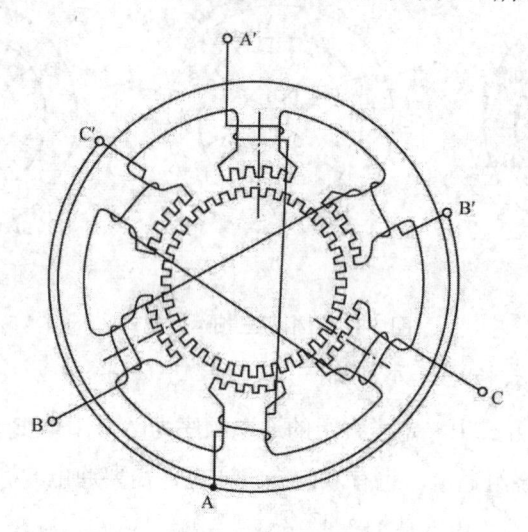

图 4-4 小步距角步进电动机

若 $Z=40$，$f=1\,000$ Hz，当采用单三拍或双三拍方式运行时，步距角和转速分别为

$$\theta = \frac{360°}{ZN} = \frac{360°}{40 \times 3} = 3°$$

$$n = \frac{60f}{ZN} = \frac{60 \times 1\,000}{40 \times 3} = 500(\text{r}/\min)$$

当采用六拍运行时，步距角和转速分别为

$$\theta = \frac{360°}{40 \times 6} = 1.5°$$

$$n = \frac{60f}{ZN} = \frac{60 \times 1\,000}{40 \times 6} = 250(\text{r}/\min)$$

四、步进电动机的驱动电源

要想让步进电动机正常启动和运行，就必须使其有足够的功率和一定频率的脉冲信号。如图4-5所示，步进电动机驱动电源主要由环形分配器和功率放大器两部分组成。

```
脉冲信号 →
方向指令 → 环形分配器 → 功率放大器 → 步进电动机
```

图 4-5　步进电动机驱动电源

环形分配器接收脉冲信号和方向指令，并按步进电动机的通电顺序向功率放大器分配输出信号。功率放大器直接与步进电动机各相绕组相连。它将接收到的脉冲信号放大后，加到步进电动机的定子绕组，从而控制步进电动机转动。改变脉冲信号的频率就改变了电动机的转速。

第二节　伺服电动机

一、直流伺服电动机

直流伺服电动机是将输入的直流电信号转换成机械角位移或角速度信号的装置。直流伺服电动机具有良好的启动、制动和调速性能，可以在较大的范围内实现平滑无级调速，因而适用于调速性能要求较高的场合。

直流伺服电动机分为有刷电动机和无刷电动机。有刷电动机成本低、结构简单、启动转矩大、调速范围大，但是需要维护（换碳刷），它适用于成本低廉、对控制精度要求不高的场合；无刷电动机体积小、响应快、转动平滑、力矩稳定，但是控制方法比较复杂，它适用于控制精度要求高、需要实现智能化控制的场合。

1. 直流伺服电动机的结构

直流伺服电动机是一种微型的直流电动机，也是由定子和转子两部分组成的。定子的磁极按励磁方式分为永磁式和电磁式两种。以永久磁铁作为磁极（省去了励磁绕组）的直流伺服电动机称为永磁式直流伺服电动机；在定子的励磁绕组上用直流电流进行励磁的直流伺服电动机，为电磁式直流伺服电动机。空心杯电枢永磁式直流伺服电动机的剖面如图 4-6 所示。

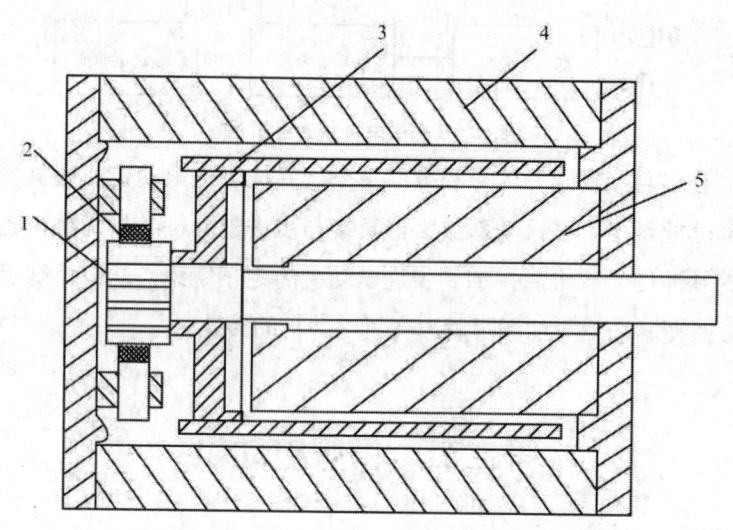

1—换向器；2—电刷；3—空心杯电枢；4—外定子；5—内定子。

图4-6 空心杯电枢永磁式直流伺服电动机剖面图

由于直流伺服电动机电枢电流很小，换向并不困难，因此不装设换向磁极。为了减少惯性，其转子为细长形状。此外，定子和转子间气隙较小。永磁式直流伺服电动机定子磁极由永久磁铁或磁钢制成，电磁式直流伺服电动机的定子由硅钢片冲制叠压而成。磁极和磁轭整体相连，电枢绕组和磁极绕组由两个独立电源供电。

2.直流伺服电动机的工作原理

直流伺服电动机的工作原理与一般直流电动机相同。当励磁绕组和电枢绕组中都通有电流并产生磁通时，它们会相互作用，产生电磁转矩，驱动电枢转动，使直流伺服电动机带动负载工作。若两个绕组中任何一个电流为零，则直流伺服电动机马上停转。作为执行元件，直流伺服电动机把输入的控制信号转换为轴上的角位移或角速度输出。该电动机的转向及转速随控制电压的改变而改变。

直流伺服电动机的控制有电枢控制和磁极控制两种方式。电枢控制是将电枢电压作为控制信号来控制电动机的转速的，如图4-7（a）所示。电枢绕组作为控制绕组接到控制电压上，励磁绕组接到直流电源上，产生磁通。当控制电压不为零时，电动机旋转；当控制电压为零时，电动机停止转动。磁极控制是将励磁电压作为控制信号来控制电动机转速，如图 4-7（b）所示。此时，电枢绕组起到励磁作用，接到励磁电源上，励磁绕组则作为控制绕组接到控制电压上。

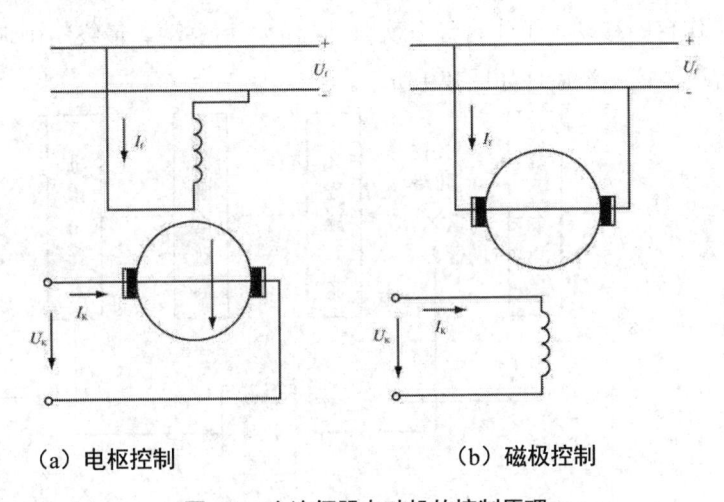

（a）电枢控制　　　　　　　　（b）磁极控制

图 4-7　直流伺服电动机的控制原理

由于励磁绕组进行励磁时，所耗的功率较小，且电枢电路电感小，响应迅速，所以一般直流伺服电动机多采用电枢控制。

3.直流伺服电动机的型号

直流伺服电动机的铭牌参数，类似于其他直流电动机。以 SZ 系列直流伺服电动机为例，其型号说明如图4-8所示。

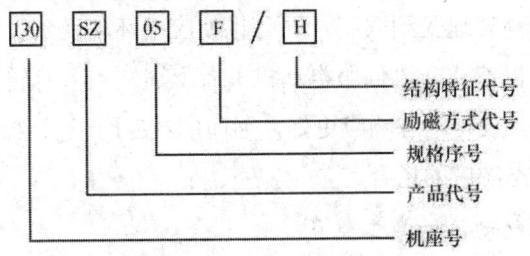

130　SZ　05　F　/　H
- 结构特征代号
- 励磁方式代号
- 规格序号
- 产品代号
- 机座号

图 4-8　SZ 系列直流伺服电动机的型号说明

4.直流伺服电动机应用举例

直流伺服电动机在机床工作台精确定位系统中作为执行元件，由偏差电压 ΔU 控制，用于驱动机床工作台。运算控制电路将位置指令转换为电压信号，作为系统的输入信号电压 U_1。在比较输入信号电压 U_1 和位置检测装置的输出电压 U_f 后，偏差电压 ΔU 通过直流放大器去控制伺服电动机的运转，从而控制机床工作台的移动。工作台经多次自动的前、后移动，最终精确地停留在指定位置上。该系统原理如图 4-9 所示。

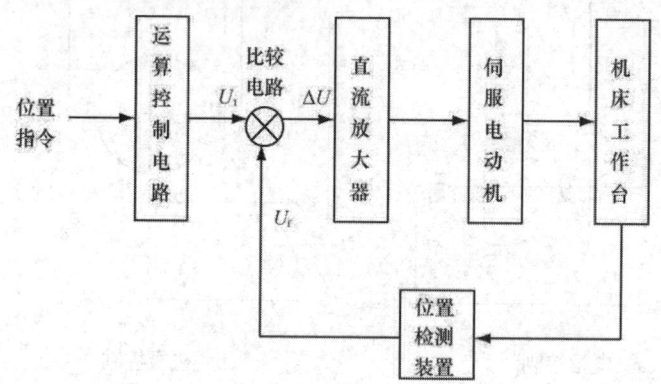

图 4-9 机床工作台精确定位系统原理图

二、交流伺服电动机

虽然直流伺服电动机具有良好的启动、制动和调速特性，可以很方便地在较大范围内实现平滑无级调速，但直流伺服电动机也存在一些缺点。例如：电刷和换向器易磨损，需要经常维护；换向器在换向时会产生火花，使直流伺服电动机的最高转速受到限制，同时也使应用环境受到限制。而交流伺服电动机，特别是鼠笼式交流伺服电动机没有上述缺点，且转子转动惯量较直流伺服电动机小，使得动态响应更好，因而广泛应用于需要高而稳定的速度、高精度、快速动态响应的场合。

1.交流伺服电动机的基本结构

交流伺服电动机一般是两相交流电动机，其构造基本上与电容分相式单相异步电动机相似，其定子上装有两个空间位置互差 90°电角度的两相绕组。在工作时，励磁绕组与交流励磁电源相连，控制绕组加同频率的交流控制信号电压。转子的形式有两种：一种是笼式转子，由高电阻率的材料制成，结构简单，为减小其转动惯量，一般做得细长；另一种是空心杯转子，由非磁性材料支承，其杯壁很薄，因而转动惯量很小，响应迅速，得到了广泛的应用。

2.交流伺服电动机的工作原理

交流伺服电动机的工作原理和电容分相式单相异步电动机相似。图 4-10 为交流伺服电动机的工作原理图，图中 U_f 为励磁电压，U_C 为控制电压。当无控制电压时，只有励磁产生的脉振磁场，转子无启动转矩，因而静止不动。当有控制电压时，则在气隙中产生一个旋转磁场并产生电磁转矩，使转子沿旋转磁场的方向旋转。

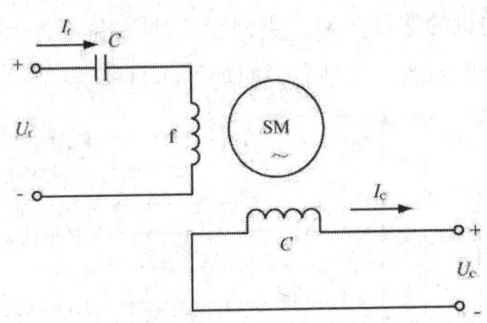

图 4-10 交流伺服电动机的工作原理图

一旦控制电压消失，电动机应能立即停转。对于普通的单相异步电动机来说，它还会继续转动，若伺服电动机出现这种现象，则称之为自转。这种现象是不符合伺服电动机可控性要求的，因此为了克服伺服电动机自转现象，在结构制造上采用大的转子电阻和小的转动惯量。这样在控制电压消失后，较大的转子电阻使临界转差率 $s_m=1$，这时电动机产生的转矩与原驱动转矩方向相反，即制动转矩。制动转矩使转子能迅速停转，同时减小转动惯量，也有利于克服自转现象。

交流伺服电动机不仅要有启动、停止迅速的伺服性,还要能控制其转速和转向。通常,在交流伺服电动机运行时,保持励磁绕组所接电压的大小和相位不变而只改变控制绕组所加电压的大小和相位,以实现交流伺服电动机的转速与转向控制。交流伺服电动机的控制,通常由配套的交流伺服驱动器来实现,其控制方式主要有 3 种。

(1)幅值控制:控制绕组电压和励磁绕组电压之间的相位差保持不变,改变加在控制绕组上电压幅值的大小。

(2)相位控制:保持控制电压的幅值不变,仅改变其相位。

(3)幅值—相位控制:同时改变控制电压的幅值和相位。

在 3 种控制方法中,幅值控制和相位控制都需要较复杂的装置,而幅值—相位控制所需设备简单,成本较低,因而是最常用的一种控制方式。

3.交流伺服电动机的型号

交流伺服电动机的铭牌参数,类似于其他三相交流异步电动机。以 MB 系列交流伺服电动机为例,其型号说明如图 4-11 所示。

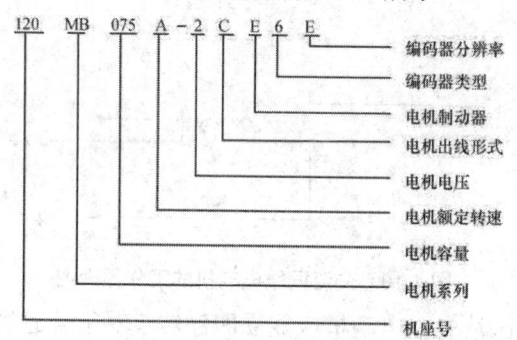

```
120 MB 075 A-2 C E 6 E ─ 编码器分辨率
                       ─ 编码器类型
                       ─ 电机制动器
                       ─ 电机出线形式
                       ─ 电机电压
                       ─ 电机额定转速
                       ─ 电机容量
                       ─ 电机系列
                       ─ 机座号
```

图 4-11 MB 系列交流伺服电动机的型号说明

4.交流伺服电动机应用举例

图 4-12 是自动测温系统原理框图。交流伺服电动机在自动测温系统中作为执行元件,由偏差电压 ΔU 控制,用于驱动显示盘指针和电位计的滑动触点。热电偶将被测温度转换为系统的输入信号电压 U_1;比较电路的输出电压 $\Delta U = U_1 - U_f$ 经调制器调制为交流电压,再由交流放大器进行功率放大后驱

动交流伺服电动机的控制绕组，使交流伺服电动机转动，从而带动显示盘指针转动和电位计滑动触点移动，电位计的输出电压 U_f 发生相应变化，使偏差电压 ΔU 逐步减小，至 $\Delta U=U_1-U_f=0$ 时，交流伺服电动机停转，显示盘指针停留在相应输入信号电压 U_1 的刻度上。

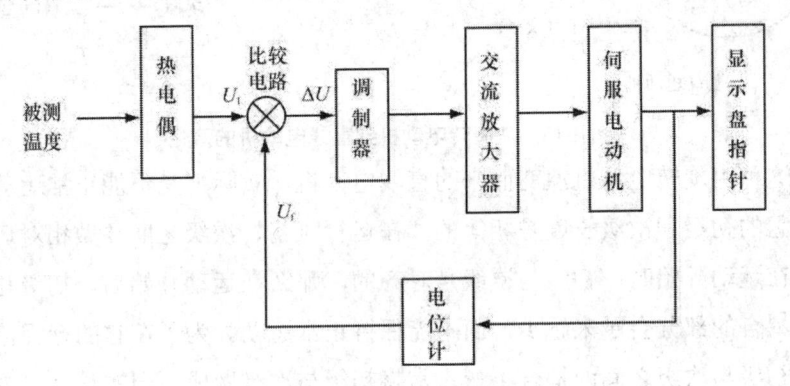

图 4-12　自动测温系统原理框图

第三节　直线电动机

一、直线电动机的基本结构

直线电动机可以被认为是旋转电动机在结构上的一种演变。将一台旋转电动机沿径向剖开，然后将其圆周展成直线，就成了如图 4-13（b）所示的直线电动机。由定子演变而来的一侧称为直线电动机的初级，由转子演变而来的一侧称为直线电动机的次级或动子。显然，直线电动机与旋转电动机的结构类似，其初级由定子铁芯和三相对称绕组组成，三相对称绕组放置在铁芯槽内。次级有两种形式，一种是笼型结构，另一种类似于交流伺服电动机杯型转子的结构。

147

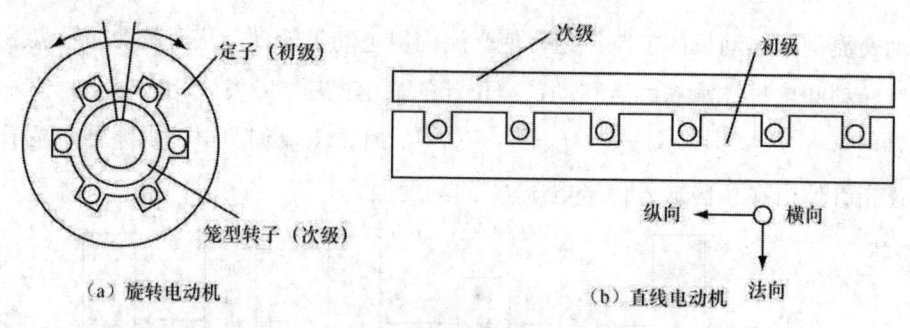

图 4-13 从旋转电动机到直线电动机的演化

这种由旋转电动机演变而来的直线电动机，实际上是不能正常运动的，因为它的初级和次级长度是相等的，在运行时初、次级之间要做相对运动，如果在运动开始时，初级与次级是对齐的，那么在运动开始后，初级与次级相互耦合的部分会越来越少，而不能保持正常运动。为了在它的行程范围内保持初级与次级之间的耦合不变，常将初级与次级做成不同的长度。既可以做成初级短、次级长，也可以做成初级长、次级短，但考虑到制作成本，一般采用短初级、长次级的形式，如图 4-14 所示。

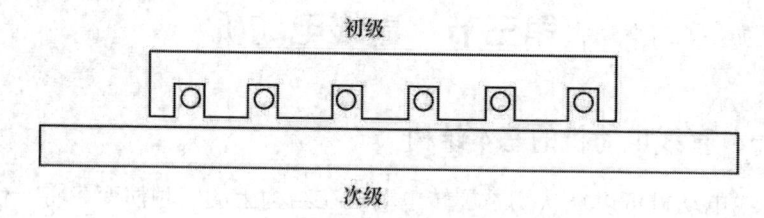

图 4-14 直线电动机初、次级结构

只有一个边的初级结构形式的直线电动机称为单边直线电动机。这种直线电动机存在一个缺陷，即在初级与次级之间存在一个很大的法向磁吸力，这个法向磁吸力为推力的 10 倍左右，会阻碍电动机的运动。可以在次级的两边都装上初级，从而产生两个方向相反的吸力，使它们相互抵消。这种形式的直线电动机称为双边直线电动机，如图 4-15 所示。

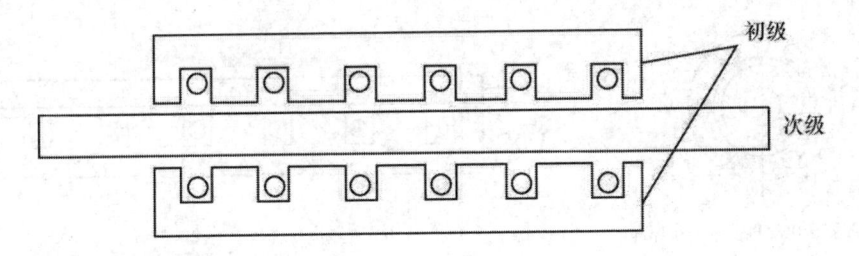

图 4-15 双边直线电动机

这种结构的电动机又称为扁平形直线电动机,是目前直线电动机中应用最为广泛的一种。除了这种结构,还有圆筒形、圆弧形和圆盘形结构,它们的运行原理是相似的。

直线电动机按工作原理可分为直线直流电动机、直线同步电动机、直线步进电动机、直线异步电动机（又称直线感应电动机）、直线压电电动机及直线磁阻电动机。

二、直线电动机的基本工作原理

直线电动机的基本工作原理与旋转电动机相似,也遵循电机学的一些基本规律。

如图 4-16 所示,直线电动机在三相绕组中通入三相对称正弦电流后,在气隙中产生磁场,与旋转电动机分布相似,如果不考虑铁芯两端断开而引起的端部效应,这个气隙磁场沿展开的直线方向呈正弦分布。当三相电流随时间变化时,气隙磁场按 V、W、U 相序沿直线移动。这个原理与旋转电动机相似,但这个磁场是平移的而不是旋转的,因此称为行波磁场。行波磁场的移动速度与旋转磁场在定子内圆表面上的线速度是一样的,称为同步速度,并用 v_0（m/s）表示。

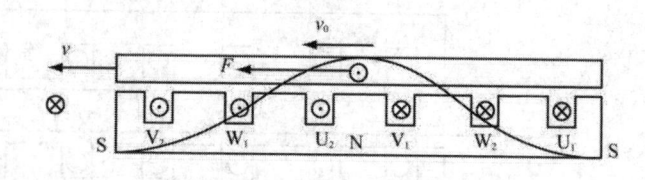

(a) 旋转电动机基本工作原理　　　　（b) 直线电动机基本工作原理

图 4-16　电动机的基本工作原理

次级导体在行波磁场切割下，将产生感应电动势和感应电流，与气隙磁场相互作用，产生电磁推力 F。在这个电磁推力的作用下，由于初级是固定不动的，所以次级顺着行波磁场运动的方向做直线运动。实际上，直线电动机的次级通常采用整块金属板或复合金属板，在分析时可把它看成并列放置的很多导条。这时产生的推力是由这些导条中的电流共同产生的。由交流电动机电磁转矩公式可得到直线电动机的电磁推力为

$$F = C_F \Phi I_2 \cos\varphi_2 \tag{4-3}$$

式中：C_F——与电动机结构有关的常数；

　　　Φ——每极磁通；

　　　I_2——次级中的电流；

　　　φ_2——次级功率因数角。

通过以上分析可以看出，若改变三相绕组的相序，则行波磁场的方向也随之改变（这与三相异步电动机的旋转磁场相似），因而就改变了直线电动机的运动方向，根据这一原理可使直线电动机做往复直线运动。

做直线运动的次级（动子）速度 v 始终低于同步速度 v_0，其转差率 s 为

$$s = \frac{v_0 - v}{v_0} \tag{4-4}$$

次级速度可表示为

$$v = (1-s)v_0 \tag{4-5}$$

在电动机运行状态下，s 的值在 0 与 1 之间。

三、直线电动机的型号及基本参数

以直线异步电动机为例，其型号说明如图4-17所示。

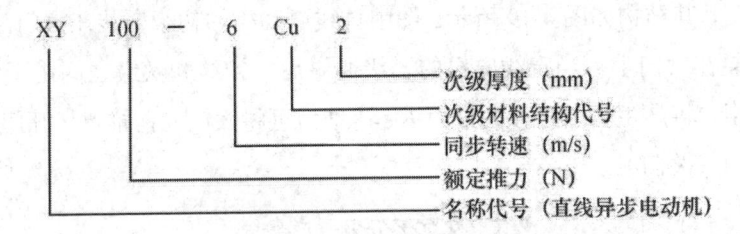

```
XY  100 — 6 Cu 2
                  └── 次级厚度 (mm)
               └───── 次级材料结构代号
            └──────── 同步转速 (m/s)
       └───────────── 额定推力 (N)
└──────────────────── 名称代号（直线异步电动机）
```

图 4-17　直线异步电动机的型号说明

直线电动机主要有以下基本参数：

（1）额定电压：直线电动机初级绕组上应加的线电压。

（2）额定推力：在转差率为1时，推力分别为10 N、20 N、30 N、50 N、100 N、200 N、300 N、500 N、750 N、1 000 N、1 500 N 等。

（3）同步转速：通常为3 m/s、4 m/s、5 m/s、6 m/s、9 m/s、12 m/s。

（4）定子绕组接法：通常采用Y连接，双边直线电动机的初级绕组之间可以是并联连接，也可以是串联连接，如图4-18所示。当双边直线电动机的初级绕组并联连接时，每边绕组的电流为总电流的1/2，每边绕组的端电压与电源电压相等。当双边直线电动机的初级绕组串联连接时，每边绕组的端电压是电源总电压的1/2。

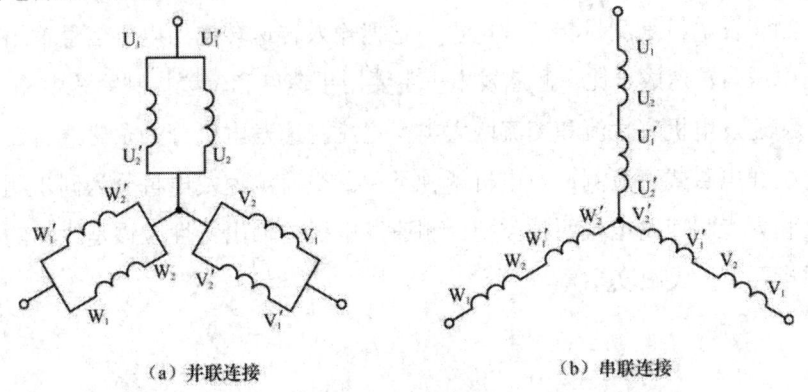

(a) 并联连接　　　(b) 串联连接

图 4-18　双边直线电动机的初级绕组之间的连接

四、直线电动机的应用

直线电动机的应用已非常广泛，举一个常见的例子：用直线电动机驱动的电动门，其结构如图 4-19 所示。图中直线电动机的初级安装在大门门楣上，次级安装在大门上。当直线电机的初级通电后，初级和次级之间由于气隙磁场的作用，将产生一个平移的推力 F，该推力可将大门向前推进（开门）或将大门拉回（关门）。

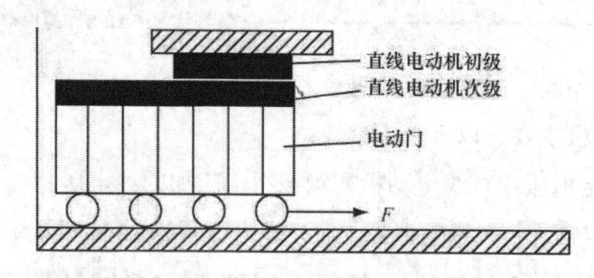

图 4-19　用直线电动机驱动的电动门的结构

采用直线电动机驱动的电动门没有旋转变换装置，其结构简单、整机效率高、成本低、使用方便。

第四节　测速发电机

测速发电机是测量转速的电机，它把输入转速转换为电压信号输出，且输出电压与转速成正比。测速发电机主要用于速度和位置控制系统中。

测速发电机有直流和交流两大类。直流测速发电机分为永磁式直流测速发电机和电磁式直流测速发电机两种类型。交流测速发电机分为同步测速发电机和异步测速发电机两种类型。测速发电机的输出特性应该是线性的，转动惯量要小，灵敏度要高。

一、直流测速发电机

直流测速发电机就是一台微型直流发电机，其定、转子结构均和直流发电机基本相同。永磁式直流测速发电机不需要另加励磁电源，受温度影响较小，所以应用最为广泛。

永磁式直流测速发电机的定子是由永久磁铁做成的一对磁极（N、S），转子是电枢，其工作原理如图 4-20 所示。在恒定磁场作用下，当转子在驱动电机带动下逆时针旋转时，切割磁通。根据电磁感应定律，转子的导体中会产生感应电动势及感应电流，并且从 A 电刷引出的总为电动势的正极，从 B 电刷引出的总为电动势的负极，因此输出的是直流电动势。

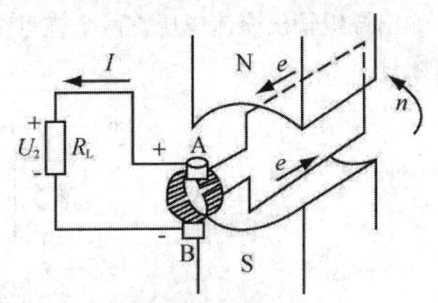

图 4-20　永磁式直流测速发电机的工作原理

在两电刷间产生的感应电动势为

$$E = C_e \Phi n$$

显然，在 Φ 一定的情况下，感应电动势 E 与转速 n 呈线性关系。

如外接负载电阻 R_L，考虑电枢回路电阻 R_a，负载电流为 I，则

$$U_2 = E - R_a I = C_e \Phi n - R_a I$$

$$I = \frac{U_2}{R_L}$$

得到

$$U_2 = \frac{C_e \Phi}{1 + \dfrac{R_a}{R_L}} n$$

如果 $\varPhi$、R_a、R_L 为常数,则 U_2 与 n 之间是线性关系。n 大小和方向的改变会导致 U_2 的变化,因此由 U_2 可测量出转速 n 的大小和方向。若 R_L 发生变化,则会影响到它们之间的线性度。

二、交流测速发电机

交流测速发电机包括交流同步测速发电机和交流异步测速发电机两大类。在交流异步测速发电机中,最常用的是转动惯量较小的空心杯型测速发电机,它的结构和杯型转子伺服电动机没什么差别,也由外定子、空心杯转子和内定子 3 部分组成。外定子上放置励磁绕组 W_1 和输出绕组 W_2,励磁绕组接单相交流电源,输出绕组输出交流电压,两个绕组在空间里是相互垂直的,其结构原理如图 4-21 所示。

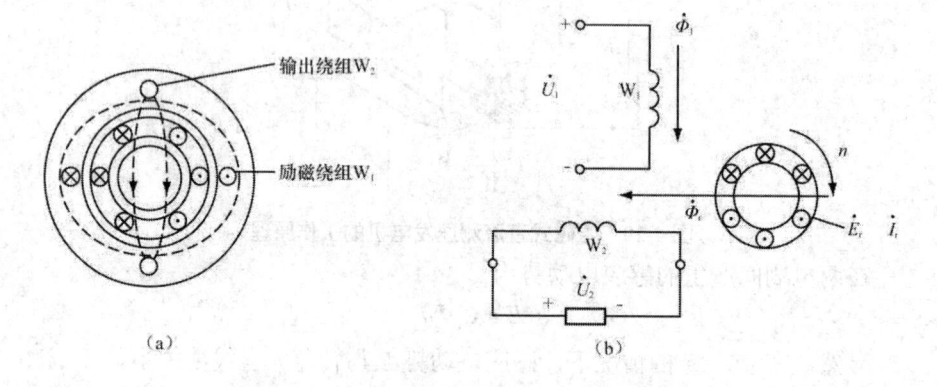

图 4-21 交流异步测速发电机的结构原理图

在分析交流异步测速发电机的工作原理时,可将杯型转子看成由无数条并联的导体组成,和笼型转子相似。

在交流异步测速发电机静止不动时,励磁电压为 $\dot{U}_1$,在励磁绕组轴线方向上产生一个交变脉振磁通 $\dot{\varPhi}_1$。这个脉振磁通与输出绕组的轴线垂直,两者之间无匝链、无互感,故输出绕组中并无感应电动势产生,输出电压为零。

当交流异步测速发电机由传动轴驱动而以转速 n 旋转时,由于转子切割 $\dot{\varPhi}_1$ 而在转子中产生感应电动势 $\dot{E}_r$ 和感应电流 $\dot{I}_r$,如图 4-21(b)所示,E_r 和

I_r 与磁通 Φ_1 及转速 n 成正比,即 $E_r \propto \Phi_1 n$,$I_r \propto \Phi_1 n$。转子电流产生的磁通 Φ_r 也与 I_r 成正比,即 $\Phi_r \propto I_r$,Φ_r 与输出绕组的轴线一致,因而在输出绕组中产生感应电动势,有电压 $\dot{U}_2$ 输出,且 U_2 与 Φ_r 成正比,即 $U_2 \propto \Phi_r$,由上述关系得 $U_2 \propto \Phi_1 n$。如果转子的转向相反,输出电压的相位也相反,就可以根据输出电压 $\dot{U}_2$ 的大小及相位来测量带动交流异步测速发电机转动的原电机的转向机转速。

交流异步测速发电机的重要特性是输出特性。它是指交流异步测速发电机输出电压与转速之间的关系曲线,即 $U_2 = f(n)$,如图 4-22 所示。输出特性在理想情况下为直线。实际上,输出特性并不是平稳的线性关系,如 Φ_1 的变化就将破坏输出电压 U_2 与转速之间的线性关系。还有其他一些因素,这里不进行讨论。

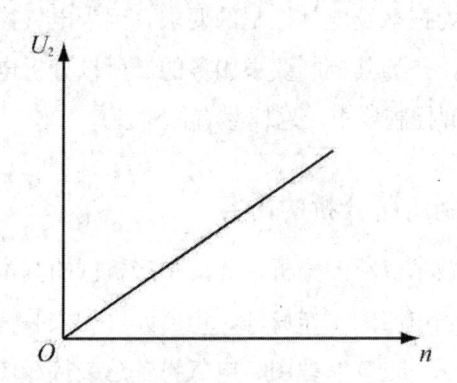

图 4-22 交流异步测速发电机输出特性图

第五章　常用生产机械的电气控制

第一节　电气控制电路分析基础

一、电气控制电路分析的依据

分析生产机械电气控制电路的依据是生产机械的基本结构、运行情况、加工工艺要求、电力拖动及电气控制的要求。因为电气控制电路是为生产机械电力拖动服务的,是为其控制要求服务的,所以分析电气控制电路时应明确其控制对象,掌握控制要求,这样才有针对性。

二、电气控制电路分析的内容

要通过对各种技术资料的分析,弄清生产机械的基本结构、运行情况、控制要求、电气控制电路的工作原理、电器元件的安装情况等。这些技术资料主要有设备说明书、电气原理图、电气设备总装接线图、电器元件布置图与接线图等。

1.设备说明书

(1)了解设备的基本结构、各部分的运动情况和加工工艺要求,以及机械、液压、气动部分的传动方式与工作原理。

(2)掌握电气传动方式,电动机与电器元件的数目、规格型号、安装位置及用途等。

(3)了解各操作手柄、开关、按钮、指示信号装置的位置及在控制电路中的作用。

（4）了解与机械、液压部分有直接关联的电器（如行程开关、电磁阀、压力继电器、电磁离合器、微动开关等）的位置、工作状态，以及机械、液压部分的关系和在控制电路中的作用。

2.电气原理图

电气原理图由主电路、控制电路与辅助电路等部分组成。它是从生产机械的加工工艺出发，按其对电力拖动自动控制的要求而设计的。对生产机械电气控制电路的分析，重点是对电气原理图的分析，因为其他几种电气图都是严格按照电气原理图的连接关系画出的。

3.电气设备总装接线图

阅读电气设备总装接线图，可以了解系统的组成分布情况，各部分的连接方式，主要电气部件的布置、安装要求，导线走向及导线的规格型号等。通过对电气设备总装接线图的分析，可以对设备的电气安装有总体的了解。

4.电器元件布置图与接线图

电器元件布置图与接线图是安装、调试和维护电气设备必需的技术资料。在测试、检修中，可通过电器元件布置图与接线图迅速方便地找到各电器元件的测试点和连接点，进行必要的检查、调试和维修。

三、电气原理图的阅读分析方法

电气原理图的阅读分析方法是：先机后电，先主后辅，化整为零，集零为整、统观全局，总结特点。

1.先机后电

首先应了解生产机械的基本结构、运行情况、工艺要求、操作方法等，这样可以对生产机械的构造及其运行有总体的了解，进而明确对电力拖动自动控制的要求，为阅读和分析电路做好前期准备。

2.先主后辅

先阅读主电路，看设备由几台电动机拖动，各台电动机的作用如何，结合加工工艺分析电动机的启动方法,有无正、反转控制,采取何种制动方式,采用哪些电动机保护。在看完主电路后再分析控制电路,最后看辅助电路。

3. 化整为零

在分析控制电路时,可以从加工工艺出发,一个环节一个环节地去阅读和分析各台电动机的控制电路,先将各台电动机的控制划分成若干个局部电路,再按启动环节、制动环节、调速环节、反向环节来分析每一台电动机的控制电路。接着分析辅助电路(包括信号电路、检测电路与照明电路等),这部分电路具有相对的独立性,仅起辅助作用,不影响主要功能,但这部分电路大多是由控制电路中的元件来控制的,可结合控制电路一并分析。

4. 集零为整、统观全局

在逐个分析完局部电路之后,还应统观全部电路,看各局部电路之间的连锁关系,机、电、液的配合情况,电路中设有哪些保护环节,这样可以对整个电路有清晰的理解。

5. 总结特点

各种设备的电气控制虽然都是由各种基本控制环节组合而成的,但其整机电气控制都有各自的特点,这也是各种设备电气控制区别之所在,应很好地进行总结。只有这样,才能加深对电气设备电气控制的理解。

第二节 CA6140 型普通车床电气控制

车床是一种应用极为广泛的金属切削机床,能够车削外圆、内圆、端面、螺纹以及定型回转表面等,另外还可用钻头、铰刀等进行钻孔和铰孔等加工。

一、CA6140 型普通车床的主要结构和运动形式

图 5-1 所示为 CA6140 型普通车床的结构示意图。从图中可以看出,CA6140 型普通车床主要由床身、主轴箱、进给箱、溜板箱、刀架、丝杠、光

杠、尾架等部分组成。

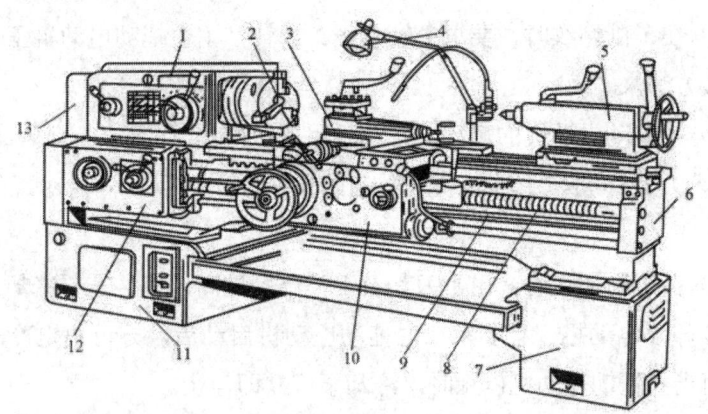

1—主轴箱；2—卡盘；3—溜板和刀架；4—照明灯；5—尾架；6—床身；

7、11—床腿；8—丝杠；9—光杠；10—溜板箱；12—进给箱；13—挂轮箱。

图 5-1　CA6140 型普通车床的结构示意图

车床的切削运动包括工件旋转的主运动和刀具的直线进给运动。车削速度是指工件与刀具接触点的相对速度。工件的材料性质、车刀材料及几何形状、工件直径、加工方式及冷却条件不同，主轴的切削速度不同。主轴变速是由主轴电动机经 V 带传递到主轴变速箱来实现的。CA6140 型普通车床的主轴正转速度有 24 档（10～1 400 r/min），反转速度有 12 档（14～1 580 r/min）。

车床的进给运动是刀架带动刀具的直线运动。溜板箱把丝杠或光杠的转动传递给刀架部分，变换溜板箱外的手柄位置，经刀架部分使车刀作纵向或横向进给。

车床的辅助运动是指车床上除切削运动以外的其他一切必需的运动，如尾架的纵向移动、工件的夹紧与放松等。

二、CA6140 型普通车床电力拖动的特点及控制要求

CA6140 型普通车床电力拖动的特点及控制要求如下：

（1）主拖动电动机一般选用三相鼠笼式异步电动机，不进行电气调速。

（2）采用齿轮箱进行机械有级调速。为减小振动，主拖动电动机通过几

条 V 带将动力传递到主轴箱。

（3）在车削螺纹时，要求主轴有正、反转，由主拖动电动机正、反转或采用机械方法来实现。

（4）主拖动电动机的启动、停止采用按钮操作。

（5）刀架移动与主轴转动有固定的比例关系，以便满足对螺纹的加工需要。

（6）在车削加工时，由于刀具及工件温度过高，有时需要冷却，因而应该配有冷却泵电动机，且要求在主拖动电动机启动后，方可决定冷却泵开动与否，而当主拖动电动机停止时，冷却泵应立即停止。

（7）电路必须有过载、短路、欠电压、失电压保护。

（8）电路应具有安全的局部照明装置。

三、CA6140型普通车床的电气控制电路分析

CA6140型普通车床的电气控制电路如图5-2所示，可分为主电路、控制电路和照明电路三部分，下面主要对主电路和控制电路进行分析。

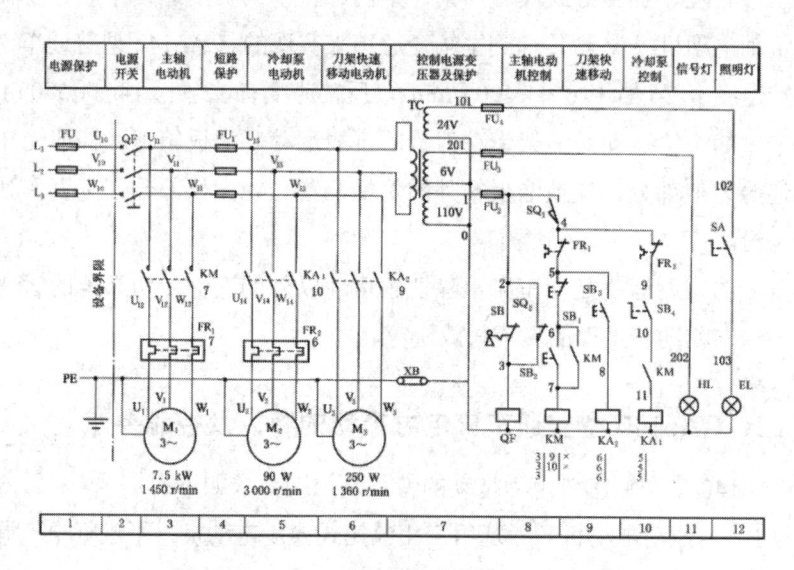

图5-2 CA6140型普通车床的电气控制电路

1.主电路分析

主电路共有 3 台电动机：M_1 为主轴电动机，带动主轴旋转和刀架作进给运动；M_2 为冷却泵电动机，用于输送切削液；M_3 为刀架快速移动电动机。

将钥匙开关 SB 向右旋转，再扳动断路器 QF，将三相电源引入。主轴电动机 M_1 由接触器 KM 控制，热继电器 FR_1 提供过载保护，熔断器 FU 提供短路保护，接触器 KM 提供失电压和欠电压保护。冷却泵电动机 M_2 由中间继电器 KA_1 控制，热继电器 FR_2 提供过载保护。刀架快速移动电动机 M_3 由中间继电器 KA_2 控制，由于是点动控制，故未设过载保护。FU_1 为冷却泵电动机 M_2、刀架快速移动电动机 M_3、控制变压器 TC 提供短路保护。

2.控制电路分析

控制电路的电源由控制变压器 TC 副绕组输出 110 V 电压提供。在正常工作时，行程开关 SQ_1 的常开触头闭合。在打开床头的皮带罩后，SQ_1 断开，切断控制电路电源，以确保人身安全。钥匙开关 SB 和行程开关 SQ_2 在正常工作时是断开的，QF 线圈不通电，断路器 QF 能合闸。在打开配电盘的壁龛门时，SQ_2 闭合，QF 线圈得电，断路器 QF 自动断开。

（1）主轴电动机的控制

按下绿色按钮 SB_2，接触器 KM 的线圈通电吸合，其主触点闭合，主轴电动机启动运行。同时，KM 动合触点 6—7 闭合，起自锁作用。另一组动合触点 10—11 闭合，为冷却泵电动机启动做准备。在停车时，按下红色按钮 SB_1，KM 线圈断电释放，M_1 停车。

（2）冷却泵电动机 M_2 的控制

由于主轴电动机 M_1 和冷却泵电动机 M_2 在控制电路中采用顺序控制，只有当主轴电动机 M_1 启动后，即 KM 的常开触头（10 区）闭合，合上旋钮开关 SB_4，冷却泵电动机 M_2 才可能启动。当主轴电动机 M_1 停止运行时，冷却泵电动机 M_2 自行停止。

（3）刀架快速移动电动机 M_3 的控制

刀架快速移动电动机 M_3 的启动由安装在进给操作手柄顶端的按钮 SB_3 控

制，它与中间继电器 KA_2 组成点动控制电路。刀架移动方向（前、后、左、右）的改变，是由进给操作手柄配合机械装置实现的，如需要快速移动，按下 SB_3 即可。

（4）照明、信号电路分析

控制变压器 TC 的副边绕组分别输出 24 V 和 6 V 电压，作为车床低压照明灯和信号灯的电源。EL 作为车床的低压照明灯，由开关 SA 控制。HL 为电源信号灯。EL、HL 分别由 FU_4 和 FU_3 提供短路保护。

四、CA6140 型普通车床常见电气故障分析

1.主轴电动机 M_1 不能启动

当发生主轴电动机不能启动的故障时，首先检查故障是发生在主电路还是控制电路，若按下启动按钮，接触器 KM 不吸合，则此故障发生在控制电路，应主要检查 FU_2 是否熔断，过载保护 FR_1 是否动作，接触器 KM 的线圈接线端子是否松脱，按钮 SB_1、SB_2 的触点接触是否良好。若故障发生在主电路，则应检查车间配电箱及主电路开关是否跳闸，导线连接处是否有松脱现象，KM 主触点的接触是否良好。

2.主轴电动机启动后不能自锁

在按下启动按钮时，主轴电动机能启动运转，但在松开启动按钮后，主轴电动机也随之停止。造成这种故障的原因是接触器 KM 的自锁触点的连接导线松脱或接触不良。

3.主轴电动机不能停止

造成主轴电动机不能停止的原因多为接触器 KM 的主触点发生熔焊或停止按钮损坏。

4.电源总开关合不上

电源总开关合不上的原因有两个：一是电气箱盖没有盖好，导致 SQ_2（2—3）行程开关处于闭合状态；二是钥匙开关 SB 没有右旋到断开的位置。

5.指示灯亮但各电动机均不能启动

造成指示灯亮但各电动机均不能启动的主要原因是 FU_2 的熔体断开，或挂轮架的皮带罩没有罩好，行程开关 SQ_1（2—4）断开。

6.主轴电动机 M_1 断相运行

在按下按钮 SB_2 时，主轴电动机 M_1 不能启动并发出"嗡嗡"声，或是在运行过程中突然发出"嗡嗡"声，这是主轴电动机发生断相故障的现象。当发现主轴电动机断相时，应立即切断电源，避免损坏主轴电动机。在找出故障原因并排除后，主轴电动机 M_1 应能正常启动并运行。

7.行程开关 SQ_1、SQ_2 故障

在使用 CA6140 型普通车床前，首先应调整行程开关 SQ_1、SQ_2 的位置。长期使用车床，可能出现行程开关松动移位的情况，导致在打开床头挂轮架的皮带罩时 SQ_1（2—4）触头断不开，或在打开配电盘的壁龛门时 SQ_2（2—3）不闭合，失去人身安全保护的作用。

8.钥匙开关 SB 的断路器 QF 故障

钥匙开关 SB 的断路器 QF 的主要故障是钥匙开关 SB 失灵，以致失去保护作用。在使用时，应检验在将钥匙开关 SB 左旋时断路器 QF 能否自动跳闸，在跳开后若又将 QF 合上，0.1 s 后断路器能否自动跳开。

第三节　Z3040 型摇臂钻床电气控制

钻床就是一种孔加工设备，可用来钻孔、扩孔、铰孔、攻丝及修刮端面等。按用途和结构分类，钻床可分为立式钻床、台式钻床、多轴钻床、摇臂钻床及其他专用钻床等。

一、Z3040型摇臂钻床的主要结构和运动形式

摇臂钻床主要由底座、内立柱、外立柱、摇臂、主轴箱及工作台等部分组成。Z3040型摇臂钻床的结构示意如图5-3所示。

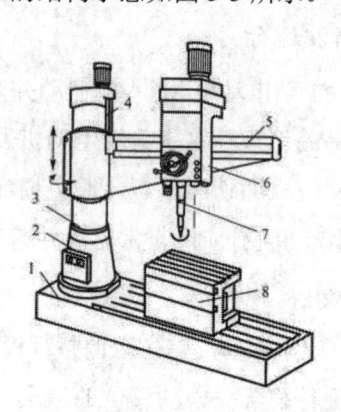

1—底座；2—内立柱；3—外立柱；4—摇臂升降丝杠；

5—摇臂；6—主轴箱；7—主轴；8—工作台。

图5-3 Z3040型摇臂钻床的结构示意图

内立柱固定在底座的一端，在内立柱的外面套有外立柱，外立柱可绕内立柱回转360°。摇臂的一端为套筒，它套装在外立柱上，并借助丝杆的正、反转，可沿着外立柱作上、下移动。由于丝杆与外立柱连成一体，而升降螺母固定在摇臂上，因此摇臂不能绕外立柱转动，只能与外立柱一起绕内立柱回转。主轴箱是一个复合部件，由主传动电动机、主轴和主轴传动机构、进给变速机构、机床的操作机构等部分组成。主轴箱安装在摇臂的水平导轨上，可以通过手轮操作，使其在水平导轨上沿摇臂移动。

在进行加工时，由特殊的夹紧装置将主轴箱紧固在摇臂导轨上，将外立柱紧固在内立柱上，将摇臂紧固在外立柱上，然后进行钻削加工。在钻削加工时，钻头一边进行旋转切削，一边进行纵向进给，其运动形式为：

（1）摇臂钻床的主运动为主轴的旋转运动；

（2）进给运动为主轴的纵向进给；

（3）辅助运动有摇臂沿外立柱的垂直移动、主轴箱沿摇臂长度方向的移

动、摇臂与外立柱一起绕内立柱的回转运动。

二、Z3040 型摇臂钻床电力拖动的特点及控制要求

Z3040 型摇臂钻床电力拖动的特点及控制要求如下：

（1）摇臂钻床运动部件较多，为了简化传动装置，采用 4 台电动机拖动，分别是主轴电动机、摇臂升降电动机、液压泵电动机和冷却泵电动机，这些电动机都采用直接启动方式。

（2）为了适应多种形式的加工要求，摇臂钻床主轴的旋转及进给运动有较大的调速范围，在一般情况下多由机械变速机构实现。主轴变速机构与进给变速机构均装在主轴箱内。

（3）摇臂钻床的主运动和进给运动均为主轴的运动。因此，这两项运动由 1 台主轴电动机拖动，分别经主轴传动机构、进给传动机构实现主轴的旋转和进给。

（4）在加工螺纹时，要求主轴能正、反转。摇臂钻床主轴正、反转一般采用机械方法实现，因此主轴电动机仅需要单向旋转。

（5）摇臂升降电动机要能正、反转。

（6）内立柱和外立柱的夹紧与放松、主轴和摇臂的夹紧与放松大多通过电气-液压-机械控制方法实现，因此备有液压泵电动机。液压泵电动机要能正、反转，并根据要求采用点动控制。

（7）摇臂的移动严格按照摇臂松开→移动→摇臂夹紧的程序进行。因此，摇臂的夹紧与摇臂升降按自动控制进行。

（8）冷却泵电动机带动冷却泵提供冷却液，只要求单向旋转。

（9）要具有连锁与保护环节以及安全照明、信号指示电路。

三、Z3040 型摇臂钻床的电气控制电路分析

Z3040 型摇臂钻床的电气控制电路可分为主电路、控制电路、照明与信号指示电路三部分，如图 5-4 所示。

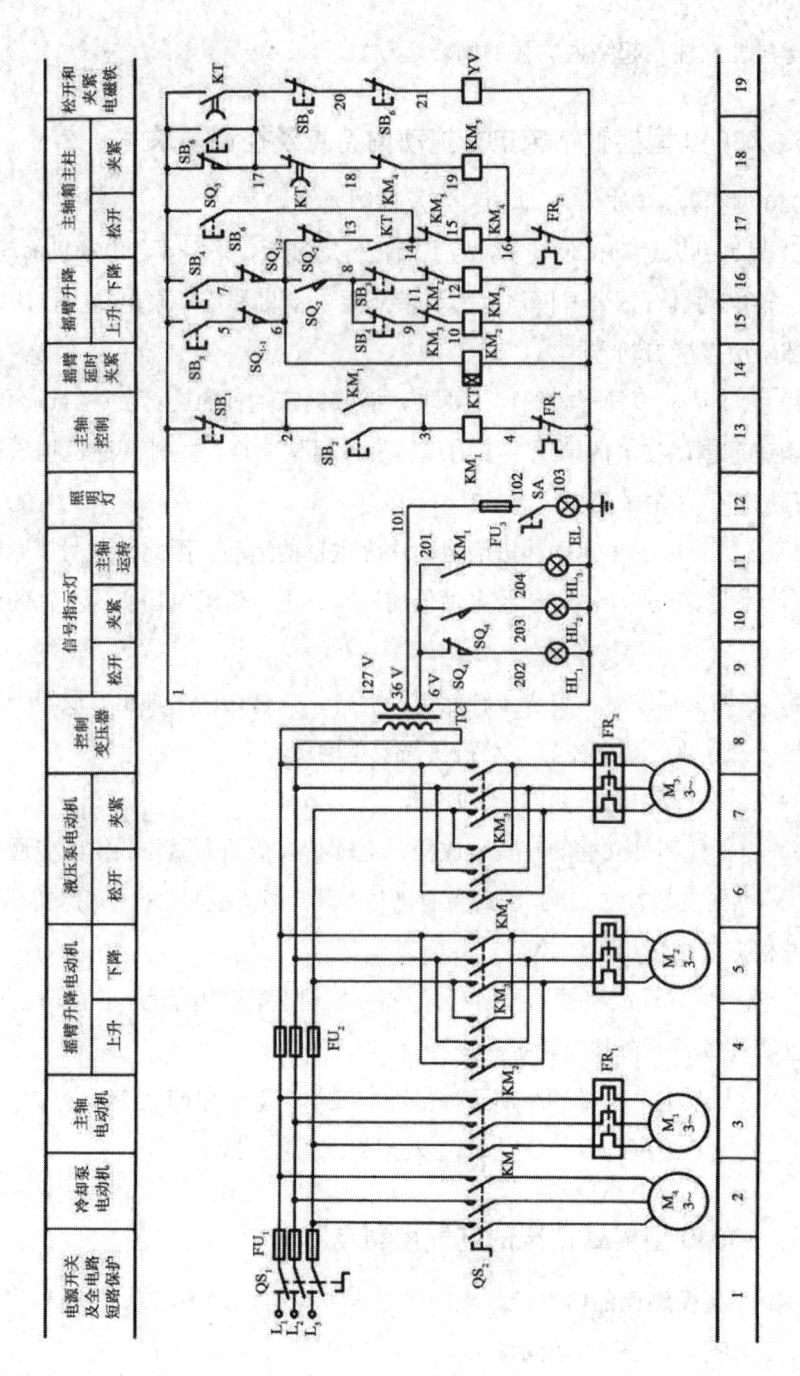

图5-4 Z3040型摇臂钻床的电气控制电路

1. 主电路分析

Z3040 型摇臂钻床各电动机的控制和保护电器如表 5-1 所示。

表 5-1　Z3040 型摇臂钻床各电动机的控制和保护电器

名称及代号	控制电器	过载保护电器	短路保护电器
主轴电动机 M_1	KM_1	FR_1	FU_1
摇臂升降电动机 M_2	KM_2、KM_3	无	FU_2
液压泵电动机 M_3	KM_4、KM_5	FR_2	FU_2
冷却泵电动机 M_4	QS_2	无	FU_1

M_1 为单方向旋转，由接触器 KM_1 控制，主轴的正、反转则由机床液压系统操作机构配合正、反转摩擦离合器实现，并由热继电器 FR_1 为电动机提供过载保护。

摇臂升降电动机 M_2 由接触器 KM_2、KM_3 控制并实现正、反转。控制电路保证在操作摇臂升降时，首先使液压泵电动机 M_3 启动旋转，送出压力油，经液压系统将摇臂松开，然后才使摇臂升降电动机 M_2 启动，拖动摇臂上升或下降，当移动到位后，控制电路又保证摇臂升降电动机 M_2 先停下，再自动通过液压系统将摇臂夹紧，最后液压泵电动机 M_3 才停转。摇臂升降电动机 M_2 为短时工作，不用设长期过载保护。

液压泵电动机 M_3 由接触器 KM_4、KM_5 实现正、反转控制，并有热继电器 FR_2 提供长期过载保护。

冷却泵电动机 M_4 的容量小，仅为 0.125 kW，由开关 QS_2 直接控制。

2. 控制电路分析

（1）主轴电动机的控制

按下启动按钮 SB_2，接触器 KM_1 的线圈通电吸合，其主触点闭合，主轴电动机 M_1 启动运行。同时，KM_1 动合触点（2—3）闭合，起自锁作用。另一组动合触点（201—204）闭合，主轴旋转指示灯 HL_3 亮。按下停止按钮 SB_1，

KM 线圈断电释放，主轴电动机 M_1 停车，同时主轴旋转指示灯 HL_3 熄灭。

（2）摇臂升降的控制

Z3040 型摇臂钻床摇臂的升降不仅需要摇臂升降电动机 M_2 的转动，而且需要液压泵电动机 M_3 拖动液压泵，使液压夹紧系统协调配合。

①摇臂的上升

按下摇臂上升点动按钮 SB_3，时间继电器 KT 线圈通电，瞬动常开触头 KT（13—14）闭合，接触器 KM_4 线圈通电，液压泵电动机 M_3 启动旋转，拖动液压泵送出压力油，同时时间继电器 KT 的断电延时断开触头 KT（1—17）闭合，电磁阀 YV 线圈通电。于是液压泵送出的压力油经电磁换向阀进入摇臂夹紧机构的松开油腔，推动活塞和菱形块，将摇臂松开。同时，活塞杆通过弹簧片压上行程开关 SQ_2，发出摇臂松开信号，即触头 SQ_2（6—13）断开，触头 SQ_2（6—7）闭合。前者断开 KM_4 线圈电路，液压泵电动机 M_3 停止旋转，液压泵停止供油，摇臂维持在松开状态；后者接通 KM_2 线圈电路，使 KM_2 线圈通电，摇臂升降电动机 M_2 启动旋转，拖动摇臂上升。所以行程开关 SQ_2 是用来反映摇臂是否松开且发出松开信号的元件。

当摇臂上升到所需位置时，松开摇臂上升点动按钮 SB_3，KM_2 与 KT 线圈同时断电，摇臂升降电动机 M_2 依惯性旋转，摇臂停止上升。而 KT 线圈断电，其断电延时闭合触头 KT（17—18）经延时 1~3 s 后才闭合，断电延时断开触头 KT（1—17）经延时后才断开。在 KT 断电延时的 1~3 s 时间内 KM_5 线圈仍处于断电状态，电磁阀 YV 仍处于通电状态，这段延时就确保了摇臂升降电动机 M_2 在断开电源后到完全停止运转才开始摇臂的夹紧动作。所以，时间继电器 KT 延时长短是根据摇臂升降电动机 M_2 切断电源到完全停止的惯性大小来调整的。

当时间继电器 KT 断电延时时间一到，触头 KT（17—18）闭合，KM_5 线圈通电吸合，液压泵电动机 M_3 反向启动，拖动液压泵供出压力油。同时触头断开，电磁阀 YV 线圈断电，这时压力油经电磁换向阀进入摇臂夹紧油腔，反向推动活塞和菱形块，将摇臂夹紧。同时，活塞杆通过弹簧片压下行程开关

SQ$_3$，使触头断开，KM$_5$线圈断电，液压泵电动机 M$_3$ 停止旋转，摇臂夹紧完成。所以 SQ$_3$ 为摇臂夹紧信号开关。

②摇臂的下降

摇臂的下降过程的电气控制与上升过程类似，这里不再赘述。

摇臂升降的极限保护由组合开关 SQ$_1$ 来实现。SQ$_1$ 有两对常闭触头，当摇臂上升或下降到极限位置时相应触头断开，切断对应上升或下降接触器 KM$_2$ 与 KM$_3$，使摇臂升降电动机 M$_2$ 停止旋转，摇臂停止移动，实现极限位置的保护。

摇臂自动夹紧程度由行程开关 SQ$_3$ 控制。若夹紧机构液压系统出现故障不能夹紧，就会使触头 SQ$_3$（1—17）断不开，或者由于开关 SQ$_3$ 安装调整不当，摇臂夹紧后仍不能压下 SQ$_3$，这都会使液压泵电动机 M$_3$ 长期处于过载状态，易将电动机烧毁。为此，液压泵电动机 M$_3$ 主电路采用热继电器 FR$_2$，以实现过载保护。

（3）主轴箱、立柱松开与夹紧的控制

主轴箱、立柱的夹紧与松开是同时进行的。当按下松开按钮 SB$_5$，接触器 KM$_4$ 线圈通电，液压泵电动机 M$_3$ 正转，拖动液压泵送出压力油，这时电磁阀 YV 线圈处于断电状态，压力油经电磁换向阀进入主轴箱与立柱松开油腔，推动活塞和菱形块，使主轴箱与立柱松开，而由于 YV 线圈断电，压力油不会进入摇臂松开油腔，摇臂仍处于夹紧状态。当主轴箱与立柱松开时，行程开关 SQ$_4$ 不受压，触头 SQ$_4$（201—202）闭合，指示灯 HL$_1$ 亮，表示主轴箱与立柱已松开。可以手动操作主轴箱在摇臂的水平导轨上移动，也可推动摇臂使外立柱绕内立柱作回转移动，当移动到位，按下夹紧按钮 SB$_6$，接触器 KM$_5$ 线圈通电，液压泵电动机 M$_3$ 反转，拖动液压泵送出压力油至夹紧油腔，使主轴箱与立柱夹紧。当确定已夹紧后，压下 SQ$_4$，触头 SQ$_4$（201—203）闭合，HL$_2$ 灯亮，而触头 SQ$_4$（201—202）断开，HL$_1$ 灯灭，表示主轴箱与立柱已夹紧，可以进行钻削加工。

（4）冷却泵电动机 M_4 的控制

冷却泵电动机 M_4 由开关 QS_2 进行单向旋转的控制。

（5）完善连锁保护环节

行程开关 SQ_2 实现摇臂松开到位，开始摇臂升降的连锁。行程开关 SQ_3 实现摇臂完全夹紧，液压泵电动机 M_3 停止旋转的连锁。

时间继电器 KT 实现摇臂升降电动机 M_2 断开电源，待惯性旋转停止后再进行夹紧的连锁。

摇臂升降电动机 M_2 正、反转具有双重互锁。

SB_5 与 SB_6 常闭触头串接在电磁阀 YV 线圈电路上，实现进行主轴箱与立柱夹紧、松开操作时，压力油不进入摇臂夹紧油腔的连锁。

FU_1 为总电路和电动机 M_1、M_4 提供短路保护。FU_2 熔断器为电动机 M_2、M_3 及控制变压器 TC 原边绕组提供短路保护。FU_3 为照明电路提供短路保护。

FR_1、FR_2 热继电器为电动机 M_1、M_3 提供长期过载保护。

SQ_1 组合行程开关为摇臂上升、下降提供极限位置保护。

带自锁触头的启动按钮与相应接触器为电动机提供欠电压、失电压保护。

3.照明与信号指示电路分析

HL_1 为主轴箱、立柱松开指示灯，灯亮表示已松开，可以手动操作主轴箱沿摇臂移动或推动摇臂回转。

HL_2 为主轴箱、立柱夹紧指示灯，灯亮表示已夹紧，可以进行钻削加工。

HL_3 为主轴旋转工作指示灯。

照明灯 EL 由控制变压器 TC 供给 36 V 安全电压，经开关 SA 操作实现钻床局部照明。

四、Z3040 型摇臂钻床常见故障分析

Z3040 型摇臂钻床摇臂的控制是机、电、液的联合控制，这也是该钻床电气控制的重要特点。下面仅对摇臂移动中的常见故障进行分析。

1. 摇臂不能上升

从摇臂上升的电气动作过程可知，摇臂移动的前提是摇臂完全松开，此时活塞杆通过弹簧片压下行程开关 SQ_2，接触器 KM_4 线圈断电，液压泵电动机 M_3 停止旋转，而接触器 KM_2 线圈通电吸合，摇臂升降电动机 M_2 启动旋转，拖动摇臂上升，下面以 SQ_2 有无动作来分析摇臂不能移动的原因。

若 SQ_2 不动作，则常见故障为 SQ_2 安装位置不当或位置发生移动，这样，摇臂虽已松开，但活塞杆仍压不上 SQ_2，致使摇臂不能移动。有时也会出现因液压系统发生故障，使摇臂没有完全松开，活塞杆压不上 SQ_2 的情况。为此，应配合机械、液压系统调整好 SQ_2 位置并安装牢固。

若液压泵电动机 M_3 电源相序接反，则此时按下摇臂上升按钮 SB_3，液压泵电动机反转，使摇臂夹紧，更压不上 SQ_2，摇臂也不会上升。所以，在机床大修或安装完毕后，必须认真检查电源相序及液压泵电动机正、反转是否正确。

2. 摇臂移动后夹不紧

摇臂移动到位后松开 SB_3 或 SB_4 按钮后，摇臂应自动夹紧，而夹紧动作的结束是由行程开关 SQ_3 来控制的。若摇臂夹不紧，则说明摇臂控制电路能动作，只是夹紧力不够，这是由于 SQ_3 动作过早，液压泵电动机 M_3 在摇臂还未充分夹紧时就停止旋转。这往往是 SQ_3 安装位置不当，过早地被活塞杆压上动作所致。

3. 液压系统的故障

有时电气控制系统工作正常，而电磁阀芯卡住或油路堵塞，造成液压控制系统失灵，也会造成摇臂无法移动。所以，在维修工作中应正确判断是电气控制系统还是液压系统的故障。

第四节　M7130型平面磨床电气控制

磨床是用砂轮的周边或端面进行加工的精密机床。砂轮的旋转是主运动，工件或砂轮的往复运动为进给运动，而砂轮架的快速移动及工作台的移动为辅助运动。磨床的种类很多，按其工作性质可分为外圆磨床、内圆磨床、平面磨床、工具磨床以及一些专用磨床等。其中平面磨床应用最为普遍。

一、M7130型平面磨床的主要结构和运动形式

M7130型平面磨床的结构示意如图5-5所示。在箱形床身中装有液压传动装置，工作台通过活塞杆由液压驱动在床身导轨上做往复运动。工作台表面有T形槽，用于安装电磁吸盘或直接安装大型工件。工作台往复运动的行程长度可通过调节装在工作台正面槽中换向撞块的位置来改变。

在床身上固定有立柱，沿立柱的导轨上装有滑座，砂轮箱能沿滑座的水平导轨做横向移动。砂轮轴由装入式砂轮电动机直接驱动，并通过滑座内部的液压传动机构实现砂轮箱的横向移动。

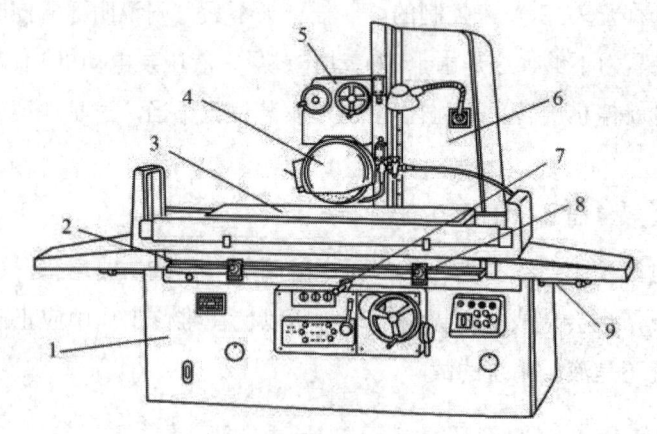

1—床身；2—工作台；3—电磁吸盘；4—砂轮箱；5—滑座；6—立柱；
7—换向阀手柄；8—换向撞块；9—液压缸活塞杆。

图5-5　M7130型平面磨床的结构示意图

滑座可在立柱导轨上做垂直移动,由装在床身上的垂直进刀手轮操作。砂轮箱的水平轴向移动可通过装在滑座上的横向移动手轮进行操作,也可通过活塞杆的连续或间断横向移动来实现。连续移动用于调节砂轮位置或整修砂轮,间断移动用于进给。

M7130 型平面磨床的主运动是砂轮的旋转运动。进给运动有垂直进给,即滑座在立柱上的上下运动;横向进给,即砂轮箱在滑座上的水平运动;纵向进给,即工作台沿床身的往复运动。工作台每完成一次往复运动,砂轮箱便做一次间断性的横向进给,当加工完整个平面后,砂轮箱做一次间断性的垂直进给。

二、M7130 型平面磨床电力拖动的特点及电气控制的要求

1.M7130 型平面磨床电力拖动的特点

(1) M7130 型平面磨床采用多电动机拖动,其中砂轮电动机拖动砂轮旋转;液压泵电动机拖动液压泵压出压力油,经液压传动机构来实现工作台的纵向进给运动,并通过工作台的撞块操作床身上的液压换向阀,改变压力油的流向,实现工作台的换向和自动往复运动;冷却泵电动机拖动冷却泵,供给磨削加工时需要的冷却液。

(2) 为保证加工精度,机床运行必须平稳,工作台往复运动换向时应惯性小、无冲击,因此进给运动均采用液压传动。

(3) 为保证磨削加工精度,要求砂轮有较高转速,通常采用两极鼠笼式异步电动机拖动。为提高砂轮主轴的刚度,采用装入式电动机直接拖动,电动机与砂轮主轴同轴。

(4) 为减小工件在磨削加工中的热变形,并在磨削加工时冲走磨屑和砂粒,以保证磨削精度,需要使用冷却液。

(5) 平面磨床常用电磁吸盘,以便吸紧特小工件,保证加工精度。

2.M7130 型平面磨床电气控制的要求

(1) 砂轮电动机、液压泵电动机、冷却泵电动机都只要求单方向旋转。

（2）应在砂轮电动机启动后，选择是否启动冷却泵电动机。

（3）在正常磨削加工中，若电磁吸盘吸力不足或吸力消失，则砂轮电动机与液压泵电动机应立即停止工作，以防工件被砂轮打飞而发生安全事故。当不加工时，即电磁吸盘不工作时，允许主轴电动机与液压泵电动机启动，以便机床做调整运动。

（4）电磁吸盘应有吸牢工件的正向励磁、松开工件的断开励磁以及抵消剩磁便于取下工件的反向励磁控制环节。

（5）应具有完善的保护环节，包括各电路的短路保护、各电动机的长期过载保护、零电压与欠电压保护、电磁吸盘吸力不足的欠电流保护、过电压保护等。

三、M7130型平面磨床电气控制电路分析

M7130型平面磨床电气控制电路如图5-6所示。其电气设备主要安装在床身后部的壁龛盒内，控制按钮安装在床身前部的电气操作盒上。电气控制电路可分为主电路、控制电路、电磁吸盘控制电路和机床照明电路等部分。下面主要对主电路和控制电路进行分析。

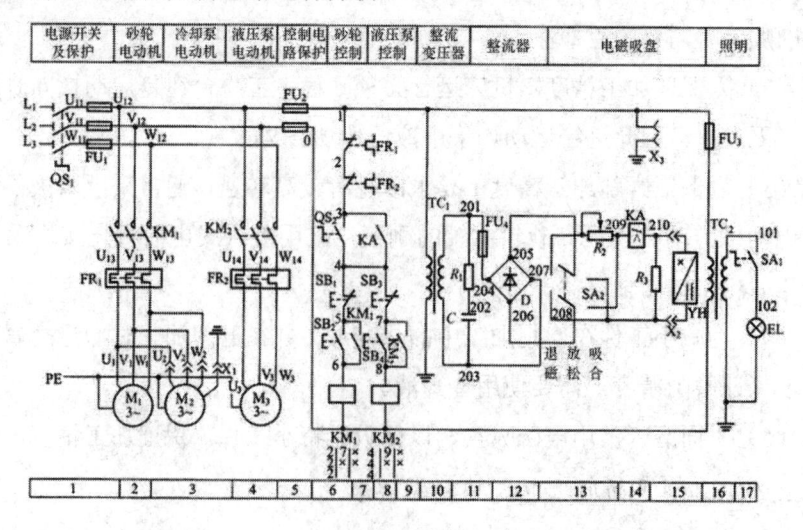

图5-6 M7130型平面磨床电气控制电路

1.主电路分析

如图 5-6 所示,在主电路中,M_1 为砂轮电动机,M_2 为冷却泵电动机,M_3 为液压泵电动机,各电动机的控制和保护电器如表 5-2 所示。

表 5-2　M7130 型平面磨床各电动机的控制和保护电器

名称及代号	控制电器	过载保护电器	短路保护电器
砂轮电动机 M_1	KM_1	FR_1	FU_1
冷却泵电动机 M_2	接插器、KM_1	无	FU_1
液压泵电动机 M_3	KM_2	FR_2	FU_1

砂轮电动机 M_1、冷却泵电动机 M_2 与液压泵电动机 M_3 皆为单方向旋转,并且无调速要求。其中 M_1、M_2 由接触器 KM_1 控制。由于冷却泵箱和床身是分开安装的,所以冷却泵电动机 M_2 经接插器 X_1 和电源连接,当需要冷却液时,将插头插入插座。液压泵电动机 M_3 由接触器 KM_2 控制。

熔断器 FU_1 为三台电动机提供短路保护,热继电器 FR_1 为 M_1 提供过载保护,热继电器 FR_2 为 M_3 提供过载保护。

2.控制电路分析

(1)砂轮电动机和冷却泵电动机的控制

按下启动按钮 SB_2,接触器 KM_1 的线圈通电吸合,其主触点闭合,砂轮电动机 M_1 启动并正常运行。同时,KM_1 动合触点(5—6)闭合,起自锁作用。按下停止按钮 SB_1,KM_1 线圈断电释放,砂轮电动机 M_1 停转。

冷却泵电动机 M_2 在插上接插器 X_1 后,与砂轮电动机 M_1 同时启动、停止。如果不需要冷却液,则可拔下 X_1。

(2)液压泵电动机的控制

按下启动按钮 SB_4,接触器 KM_2 的线圈通电吸合,其主触点闭合,液压泵电动机 M_2 启动并正常运行。同时,KM_2 动合触点(7—8)闭合,起自锁作用。按下停止按钮 SB_3,KM_2 线圈断电释放,M_2 停转。

（3）电磁吸盘的控制

①电磁吸盘的构造与工作原理。M7130型平面磨床采用长方形电磁吸盘，M7130型平面磨床电磁吸盘的结构示意如图5-7所示。钢制吸盘体中部凸起的芯体上绕有线圈，钢制盖板被隔磁层隔开。在线圈中通入直流电流，产生磁场，磁力线经由盖板、工件、芯体、吸盘体、芯体闭合，将工件牢牢吸住，盖板中的隔磁层由铅、铜、黄铜及巴氏合金等非磁性材料制成，其作用是使磁力线通过工件再回到吸盘体，不致直接通过盖板闭合，增加对工件的吸力。

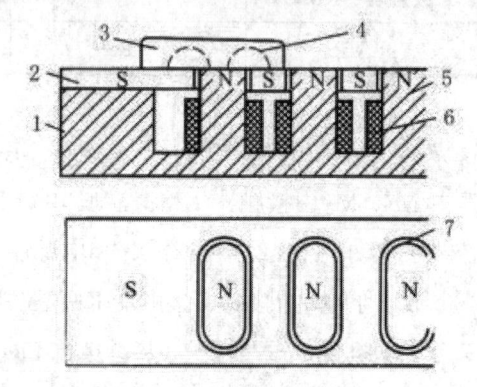

1—吸盘体；2—盖板；3—工件；4—磁路；5—芯体；6—线圈；7—隔离材料。

图5-7　M7130型平面磨床电磁吸盘的结构示意图

②电磁吸盘控制电路。电磁吸盘控制电路由整流装置、控制装置及保护装置等部分组成。

电磁吸盘整流装置由整流变压器TC_1与桥式全波整流器D组成，输出110 V直流电压对电磁吸盘供电。

电磁吸盘由转换开关SA_2控制。SA_2有三个位置："吸合""退磁""放松"。当SA_2处于"吸合"位置时，触头SA_2（205—206）与SA_2（208—209）接通；当SA_2处于"退磁"位置时，触头SA_2（205—206）与SA_2（207—208）接通；当SA_2处于"放松"位置时，SA_2所有触头都断开。

当SA_2处于"吸合"位置时，电磁吸盘YH获得110 V直流电压，其极性208号端头为正极，210号端头为负极，同时欠电流继电器KA线圈与YH串联，当吸盘电流足够大时，欠电流继电器KA吸合，触头KA（3—4）闭合，表明电磁吸盘吸力足以将工件吸牢，此时可分别操作按钮 SB_2 与 SB_4，启动电动机 M_1 与 M_3 进行磨削加工。当加工完成时，按下停止按钮 SB_1 与 SB_3，M_1 与 M_3 停止旋转。为使工件易于从电磁吸盘上取下，需要对工件进行退磁，其方法是将开关 SA_2 扳到"退磁"位置。当 SA_2 被扳至"退磁"位置时，电磁吸盘中通入反方向电流，并在电路中串入可变电阻 R_2，用于限制并调节反向退磁电流大小，达到既退磁又不致反向磁化的目的。在退磁结束后，将 SA_2 扳到"放松"位置，便可取下工件。若工件对退磁要求严格，则在取下工件后，还可用交流退磁器进行退磁。交流退磁器可以使工件处于交变磁场下，其磁分子排列被打乱，当工件逐渐离开交流退磁器时剩磁也逐渐消失。交流退磁器是平面磨床的一个附件，在使用时，将交流退磁器插头插在床身的插座 X_3 上，将工件放在交流退磁器上即可退磁。

③电磁吸盘保护环节。电磁吸盘具有欠电流保护、过电压保护及短路保护等保护环节。

a.电磁吸盘的欠电流保护。为了防止在磨削过程中电磁吸盘断电或线圈电流减小，引起电磁吸力消失或吸力不足，导致工件飞出，造成人身与设备事故，一般需要在电磁吸盘线圈电路中串入欠电流继电器 KA。当励磁电流正常，吸盘具有足够的电磁吸力时，欠电流继电器 KA 才吸合动作，触头 KA（3—4）闭合，为启动 M_1 与 M_3 电动机进行磨削加工做准备；否则，不能开动磨床进行加工。若在磨削过程中吸盘线圈电流减小或消失，触头 KA（3—4）断开，KM_1、KM_2 线圈断电，则 M_1、M_2、M_3 电动机应立即停止旋转，避免发生事故。如果不使用电磁吸盘，则可将其插头从插座 X_2 上拔出，将 SA_2 扳到"退磁"位置，此时 SA_2 的触头 SA_2（205—206）与 SA_2（207—208）接通，不影响对各台电动机的操作。

b.电磁吸盘的过电压保护。电磁吸盘线圈匝数多、电感量大，在通电工作时，线圈中储存着大量的磁场能量。当线圈断电时，在线圈两端产生很大的感应电动势，出现高电压，会使线圈绝缘并损坏其他电器元件。为此，应在吸盘线圈两端并联电阻 R_3，作为放电电阻，吸收吸盘线圈储存的能量，实现过电压保护。

c.电磁吸盘的短路保护。在整流变压器 TC$_1$ 的副绕组上装有熔断器 FU$_4$ 提供短路保护。

d.整流装置的过电压保护。当交流电路出现过电压或直流侧电路通断时，都会在整流变压器 TC$_1$ 的副绕组上产生浪涌电压。该浪涌电压对整流装置 VC 的元件有害，为此在整流变压器 TC$_1$ 的副绕组并联由 R_1、C 组成的阻容吸收电路，用以吸收浪涌电压，实现整流装置的过电压保护。

（4）照明电路

由照明变压器 TC$_2$ 将交流 380 V 降为 24 V，并由开关 SA$_1$ 控制照明灯 EL。接在照明变压器 TC$_2$ 的原边绕组上的熔断器 FU$_3$ 提供短路保护。

四、M7130 型平面磨床电气控制常见故障分析

1. 电磁吸盘没有吸力

当电磁吸盘没有吸力时，首先应检查三相交流电源是否正常，然后检查 FU$_1$、FU$_2$、FU$_4$ 熔断器是否完好，接触是否正常，再检查接插器 X$_2$ 接触是否良好。如上述检查均未发现故障，则应进一步检查电磁吸盘电路，包括欠电流继电器 KA 线圈是否断开、吸盘线圈是否断路等。

2. 电磁吸盘吸力不足

交流电源电压低，会导致整流直流电压相应下降，以致电磁吸盘吸力不足。若整流直流电压正常，电磁吸力仍不足，则有可能是 X$_2$ 接插器接触不良。造成电磁吸盘吸力不足的原因也可能是桥式整流电路的故障。如整流桥一臂发生开路，将使直流输出电压下降一半，吸力相应减小。若有一臂整流元件击穿形成短路，则与它相邻的另一桥臂的整流元件会因过电流而损坏，此时 TC$_1$ 也会因电路短路而出现过电流，致使吸力很小甚至无吸力。

3. 电磁吸盘退磁效果差，工件难以取下

电磁吸盘退磁效果差，工件难以取下的原因在于退磁电压过高或退磁回路断开，无法退磁或退磁时间掌握不好等。

第五节　X62W 型卧式万能铣床电气控制

铣床在机床设备中占有很大的比重，在数量上仅次于车床，可用来加工平面、斜面、沟槽，装上分度头可以铣切直齿齿轮和螺旋面，装上圆工作台可以铣切凸轮和弧形槽。铣床的种类很多，有卧式铣床、立式铣床、龙门铣床、仿形铣床和各种专用铣床等。

一、X62W 型卧式万能铣床的主要结构和运动形式

X62W 型卧式万能铣床的结构示意如图 5-8 所示。X62W 型卧式万能铣床主要由底座、床身、悬梁、刀杆支架、升降台、溜板及工作台等组成。

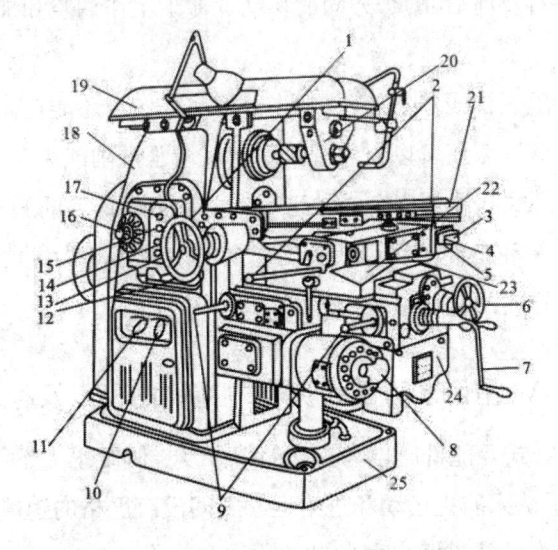

1、2—纵向工作台进给手动手轮和操作手柄；3、15—主轴停止按钮；4、17—主轴启动按钮；5、14—工作台快速移动按钮；6—工作台横向进给手动手轮；7—工作台升降进给手动摇把；8—自动进给变换手柄；9—工作台升降、横向进给手柄；10—油泵开关；11—电源开关；12—主轴瞬时冲动手柄；13—照明开关；16—主轴调速转盘；18—床身；19—悬梁；20—刀杆支架；21—工作台；22—溜板；23—回转盘；24—升降台；25—底座。

图 5-8　X62W 型卧式万能铣床的结构示意图

箱型床身固定在底座上，它是机床的主体部分，用来安装和连接机床的其他部件，床身内装有主轴的传动机构和变速操作机构。

床身的顶部有水平导轨，其上装有带一个或两个刀杆支架的悬梁，刀杆支架用来支承铣刀心轴的一端，心轴的另一端固定在主轴上，并由主轴带动旋转。悬梁可沿水平导轨移动，以便调整铣刀的位置。

床身的前侧面装有垂直导轨，升降台可沿导轨上、下移动，在升降台上面的水平导轨上，装有可在平行于主轴轴线方向移动（横向移动，即前后移动）的溜板，溜板上部有可以转动的回转台。

工作台装在回转台的导轨上，可以做垂直于轴线方向的移动（纵向移动，即左右移动）。工作台上有固定工件的 T 形槽。因此，固定于工作台上的工件可做上下、左右及前后 6 个方向的移动，便于工作调整和加工时进给方向的选择。

溜板可绕垂直轴线左右旋转 45°，因此工作台还能在倾斜方向进给，以加工螺旋槽。该铣床还可以安装圆工作台以增强铣削能力。

X62W 型卧式万能铣床有 3 种运动：主轴带动铣刀的旋转运动为主运动，加工中工作台带动工件的移动或圆工作台的旋转运动为进给运动，工作台带动工件在 3 个方向的快速移动为辅助运动。

二、X62W 型卧式万能铣床电力拖动的特点及控制要求

X62W 型卧式万能铣床电力拖动的特点及控制要求如下：

（1）由于铣床的主运动和进给运动之间没有严格的速度比例关系，因此铣床采用单独拖动的方式，即主轴的旋转和工作台的进给，分别由两台鼠笼式异步电动机拖动。其中进给电动机与进给箱均安装在升降台上。

（2）为了满足铣削过程中顺铣和逆铣的加工需要，要求主轴电动机能实现正、反转。可以根据铣刀的种类，在加工前预先设置主轴电动机的旋转方向，而在加工过程中则不需要改变其旋转方向，故采用倒顺开关实现主轴电动机的正、反转。

（3）由于铣刀是一种多刃刀具，其铣削过程是断续的，因此为了减小负载波动对加工质量造成的影响，主轴上装有飞轮。由于飞轮转动惯性较大，因而要求主轴电动机能实现制动停车，以提高工作效率。

（4）工作台在 6 个方向上的进给运动，是由进给电动机分别拖动 3 根进给丝杆来实现的，每根丝杆都应该能正、反转，因此要求进给电动机能正、反转。为了保证机床、刀具的安全，在铣削加工时，只允许工件在同一时刻做某一个方向的进给运动。另外，在用圆工作台进行加工时，要求工作台不能移动。因此，各方向的进给运动之间应有连锁保护。

（5）为了缩短调整运动的时间，提高生产效率，工作台应具备快速移动的控制功能。

（6）为了适应加工的需要，主轴转速和进给转速应有较大的调节范围，X62W 型卧式万能铣床采用机械变速的方法即改变变速箱的传动比来实现，简化了电气调速控制电路。

（7）根据工艺要求，主轴旋转与工作台进给应有先后顺序控制的连锁关系，即进给运动要在铣刀旋转之后才能进行。铣刀停止旋转，进给运动就该同时停止或提前停止；否则，易造成工件与铣刀相碰的事故。

（8）为了使操作者能在铣床的正面、侧面方便操作，对主轴电动机的启动、停止以及工作台进给运动和快速移动设置了多地点控制（两地控制）方案。

（9）冷却泵电动机用来拖动冷却泵，有时需要对工件、刀具进行冷却润滑，采用主令开关控制其单方向旋转。

（10）工作台上下、左右、前后 6 个方向的运动应具有限位保护。

（11）应有局部照明电路。

三、X62W 型卧式万能铣床电气控制电路分析

X62W 型卧式万能铣床电气控制电路如图 5-9 所示。

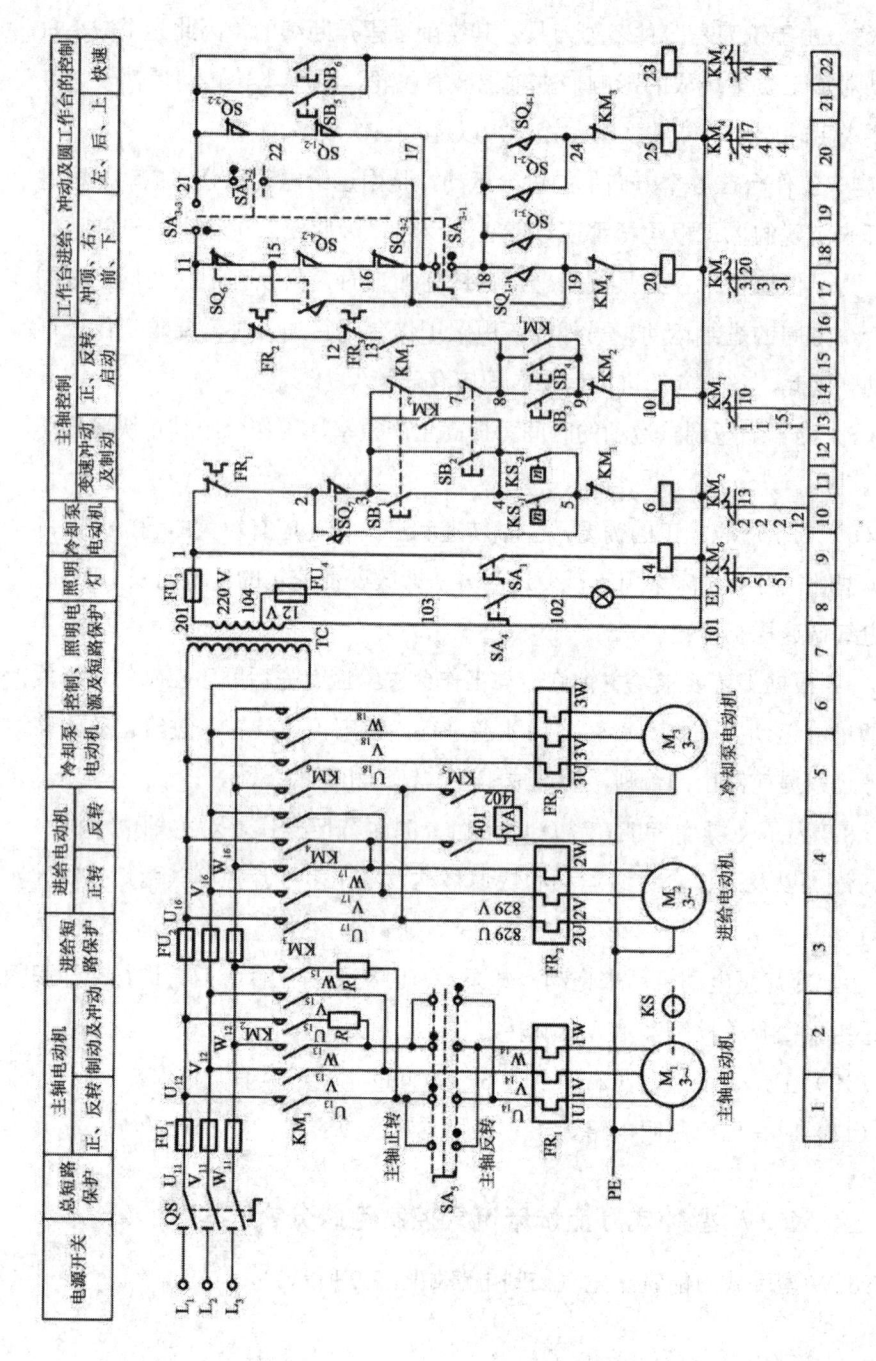

图 5-9 X62W 型卧式万能铣床电气控制电路

1. 主电路分析

主电路共有 3 台电动机，M_1 为主轴电动机，M_2 为进给电动机，M_3 为冷却泵电动机。X62W 型卧式万能铣床各电动机的控制和保护电器如表 5-3 所示。

表 5-3　X62W 型卧式万能铣床各电动机的控制和保护电器

名称及代号	控制电器	过载保护电器	短路保护电器
主轴电动机 M_1	KM_1、KM_2、SA_5	FR_1	FU_1
进给电动机 M_2	KM_3、KM_4	FR_2	FU_2
冷却泵电动机 M_3	KM_6	FR_3	FU_2

（1）主轴电动机 M_1 由接触器 KM_1 控制启动和停止。其旋转方向由倒顺开关 SA_5 进行预先设置。接触器 KM_2、制动电阻器 R 及速度继电器的配合，能实现串电阻瞬时冲动和反接制动。

（2）进给电动机 M_2 通过接触器 KM_3、KM_4 进行正、反转控制，实现 6 个方向的常速进给，通过与行程开关及接触器 KM_5、牵引电磁铁 YA 配合，能实现进给变速时的瞬时冲动和快速进给。

（3）冷却泵电动机 M_3 由 KM_6 进行单向旋转启停控制。

（4）熔断器 FU_1 提供机床总短路保护，也为主轴电动机 M_1 提供短路保护；FU_2 为电动机 M_2、M_3 及控制变压器 TC 提供短路保护，热继电器 FR_1、FR_2、FR_3 分别为电动机 M_1、M_2、M_3 提供过载保护。

2. 控制电路分析

控制电路的电源由控制变压器 TC 输出 220 V 电压供电。

（1）主轴电动机 M_1 的控制

为方便操作，主轴电动机 M_1 采用两地控制方式：一组启动按钮 SB_3 和停止按钮 SB_1 安装在工作台上，另一组启动按钮 SB_4 和停止按钮 SB_2 安装在床身上，SQ_7 是主轴变速手柄联动的瞬时动作行程开关。主轴电动机 M_1 的控制包括启动控制、制动控制、变速冲动控制等。

①主轴电动机 M_1 的启动控制。先将 SA_5 扳到主轴电动机 M_1 所需的旋转方向，然后按启动按钮 SB_3 或 SB_4 来启动 M_1。当 M_1 启动后，速度继电器 KS

的一副常开触点闭合,为主轴电动机的停转制动做准备。

②主轴电动机 M_1 的制动控制。按停止按钮 SB_1 或 SB_2,切断 KM_1 电路,接通 KM_2 电路,改变 M_1 的电源相序,进行串电阻反接制动。当 M_1 的转速低于 120 r/min 时,速度继电器 KS 的一副常开触点恢复断开,切断 KM_2 电路,M_1 停转,制动结束。

③主轴电动机 M_1 的变速冲动控制。利用变速手柄与冲动行程开关 SQ_7,通过机械上联动机构进行控制。主轴变速冲动控制示意如图 5-10 所示。

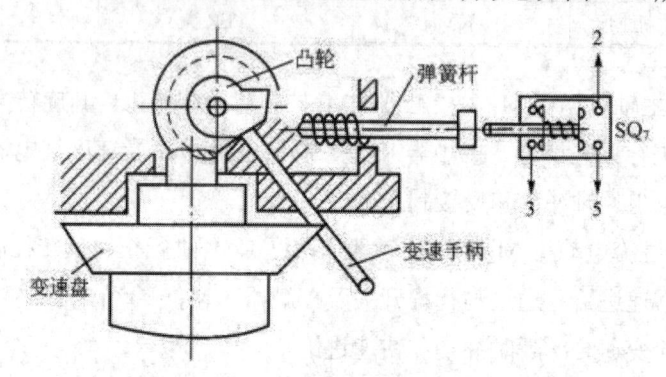

图 5-10 主轴变速冲动控制示意图

在变速时,先压下变速手柄,当快要落到第二道槽时,转动变速盘,选择需要的转速。此时凸轮压下弹簧杆,使冲动行程开关 SQ_7 的常闭触点先断开,切断 KM_1 线圈的电路,M_1 断电;同时 SQ_7 的常开触点后接通,KM_2 线圈得电动作,M_1 被反接制动。当变速手柄接到第二道槽时,SQ_7 不受凸轮控制而复位,M_1 停转。接着把变速手柄从第二道槽推回原始位置,凸轮又瞬时压下冲动行程开关 SQ_7,使 M_1 反向瞬时冲动一下,以利于变速后的齿轮啮合。

(2)进给电动机 M_2 的控制

工作台的纵向、横向和垂直运动都由进给电动机 M_2 驱动,接触器 KM_3 和 KM_4 实现正、反转,用于改变进给运动方向。它的控制电路采用了与纵向运动机械手柄联动的行程开关 SQ_1、SQ_2 和横向及垂直运动机械操作手柄联动的行程开关 SQ_3、SQ_4,组成复合连锁控制,即在选择 3 种运动形式的 6 个方向移动时,只能进行其中一个方向的移动,以确保操作安全。当这两个机械操作手柄都在中间位置时，各行程开关都处在原始状态。圆工作台转换开关的工作状态如表 5-4 所示。

表 5-4　圆工作台转换开关的工作状态

触点	位置	
	接通圆工作台	断开圆工作台
SA_{3-1}	－（断开）	＋（接通）
SA_{3-2}	＋	－
SA_{3-3}	－	＋

M_2 在 M_1 启动后才能进行工作。在机床接通电源后，将控制工作台的组合开关 SA_{3-2}（21—19）扳至断开状态，使触点 SA_{3-1}（17—18）和 SA_{3-3}（11—21）闭合，然后按下 SB_3 或 SB_4，这时接触器 KM_1 吸合，使 KM_1（8—13）闭合，就可进行工作台的进给控制。

①工作台纵向（左右）运动的控制。工作台的纵向运动是由 M_2 驱动，由纵向操作手柄来控制的。此手柄是复式的，一个安装在工作台底座的顶面中央部位，另一个安装在工作台底座的左下方。手柄有三个位置：向左、向右和零位。当手柄扳到向左或向右运动方向时，手柄的联动机构压下行程开关 SQ_1 或 SQ_2，使接触器 KM_3 或 KM_4 动作，控制进给电动机 M_2 转向。工作台左右运动的行程，可通过调整安装在工作台两端的撞铁位置来实现。当工作台纵向运动到极限位置时，撞铁撞动纵向操作手柄，使它回到零位，M_2 停转，工作台停止运动，从而实现纵向终端保护。工作台纵向行程开关的工作状态如表 5-5 所示。

表 5-5　工作台纵向行程开关的工作状态

触点	位置		
	纵向操作手柄向左	纵向操作手柄在零位	纵向操作手柄向右
SQ_{1-1}	＋（接通）	－（断开）	－
SQ_{1-2}	－	＋	＋
SQ_{2-1}	－	－	＋
SQ_{2-2}	＋	＋	－

工作台向左运动：在 M_1 启动后，将纵向操作手柄扳至向左位置，机械接通纵向离合器，同时在电气上压下 SQ_1，使 SQ_{1-2} 断开，而其他控制进给运动的行程开关都处于原始位置，此时 KM_3 吸合，M_2 正转，工作台向左进给运动。

工作台向右运动：将纵向操作手柄扳至向右位置，机械接通纵向离合器，同时在电气上压下 SQ_2，使 SQ_{2-2} 断开，而其他控制进给运动的行程开关都处于原始位置，此时 KM_4 吸合，M_2 反转，工作台向右进给运动。

②工作台垂直（上下）和横向（前后）运动的控制。工作台垂直和横向运动，由垂直和横向操作手柄控制。此手柄也是复式的，有两个完全相同的手柄分别装在工作台左侧的前后方。手柄联动机构压下行程开关 SQ_3 或 SQ_4，同时接通垂直或横向进给离合器。操作手柄有 5 个位置（上、下、前、后、中间），这 5 个位置是连锁的，工作台的上下和前后的终端保护是利用装在床身导轨旁与工作台座上的撞铁，将操作十字手柄撞到中间位置，使 M_2 断电停转。工作台垂直、横向行程开关的工作状态如表 5-6 所示。

表 5-6　工作台垂直、横向行程开关的工作状态

触点	垂直、横向操作手柄 向前/向下	垂直、横向操作手柄 中间	垂直、横向操作手柄 向后/向上
SQ_{3-1}	−	−	+
SQ_{3-2}	+	+	−
SQ_{4-1}	+	−	−
SQ_{4-2}	−	+	+

工作台向后（或向上）运动的控制：将十字操作手柄扳至向后（或向上）位置，机械上接通横向进给（或垂直进给）离合器，同时压下 SQ_3，使 SQ_{3-2} 断开，SQ_{3-1} 连通，KM_3 吸合，M_2 正转，工作台向后（或向上）运动。

工作台向前（或向下）运动的控制：将十字操作手柄扳至向前（或向下）位置，机械上接通横向进给（或垂直进给）离合器，同时压下 SQ_4，使 SQ_{4-2} 断开，SQ_{4-1} 连通，KM_4 吸合，M_2 反转，工作台向前（或向下）运动。

③进给电动机变速时的瞬时冲动控制。在变速时，为使齿轮易于啮合，进给变速与主轴变速一样，设有变速冲动环节。当需要进行进给变速时，应将转速盘的蘑菇形手轮向外拉出并转动转速盘，把所需进给量的标尺数字对准箭头，然后把蘑菇形手轮用力向外拉到极限位置并随即推向原位，在操作手轮的同时，其连杆机构瞬时压下行程开关 SQ_6，使 KM_3 瞬时吸合，M_2 做正向瞬时冲动。由于进给变速瞬时冲动的通电回路要经过 SQ_1、SQ_2、SQ_3、SQ_4 四个行程开关的常闭触点，因此只有当进给运动的操作手柄都在中间（停止）位置时，才能实现进给变速冲动控制，以保证操作时的安全。同时，与主轴变速冲动控制一样，电动机的通电时间不能太长，以防止转速过高，在变速时损坏齿轮。

④工作台的快速移动控制。为了提高劳动生产率，要求铣床在不做铣削加工时，工作台能够快速移动。工作台快速移动也是由进给电动机 M_2 来驱动的，在纵向、横向和垂直 3 种运动形式的 6 个方向上都可以实现快速移动控制。

在主轴电动机启动后，将进给操作手柄扳至所需位置，工作台按照选定的速度和方向做常速进给移动，再按下快速进给按钮 SB_5（或 SB_6），使接触器 KM_5 通电吸合，接通牵引电磁铁 YA，电磁铁通过杠杆快速使摩擦离合器闭合，减少中间传动装置，使工作台按运动方向做快速进给运动。当松开快速进给按钮时，电磁铁 YA 断电，摩擦离合器断开，快速进给运动停止。

（3）圆工作台的运动控制

铣床如需铣削螺旋槽、弧形槽等曲线，则可在工作台上安装圆工作台及其传动机构，圆工作台的回转运动也是由进给电动机 M_2 驱动的。当圆工作台工作时，应先将进给操作手柄都扳至中间（停止）位置，然后将圆工作台组合开关 SA_3 扳至圆工作台接通位置。此时，SA_{3-1} 断开，SA_{3-3} 断开，SA_{3-2} 连通，准备就绪后，按下主轴启动按钮 SB_3 或 SB_4，则接触器 KM_1 与 KM_3 相继吸合，主轴电动机 M_1 与进给电动机 M_2 相继启动并运转，而进给电动机仅以正转方向带动圆工作台做定向回转运动。

（4）冷却泵和照明控制

冷却泵电动机由转换开关 SA_1 控制。照明灯由转换开关 SA_4 控制，FU_4 提供短路保护。

四、X62W 型卧式万能铣床电气控制常见故障分析

1. 主轴停车时无制动

若主轴停车时无制动，则首先要检查按下停止按钮 SB_1 或 SB_2 后，反接制动接触器是否吸合。KM_2 不吸合，则故障原因一定在控制电路，检查时可先操作主轴变速冲动手柄，若有冲动，故障范围就缩小到速度继电器和按钮支路上。若 KM_2 吸合，则故障原因之一是在主电路的 KM_2、R 制动支路中，有缺相的故障存在；故障原因之二是速度继电器的常开触点过早断开。

2. 主轴停车后产生短时反向旋转

主轴停车后产生短时反向旋转，一般是由于速度继电器触点弹性调整过松，使触点分断过迟。

3. 按下停止按钮后主轴电动机不停转

如按下停止按钮，KM_1 不释放，则故障是主触点熔焊引起的。如按下停止按钮，KM_1 能释放，同时伴有"嗡嗡"声或转速过低，则可断定制动时主电路有缺相故障存在。

4. 工作台不能做向上进给运动

这可能是因为触点 SQ_{4-1} 不能吸合，或机械磨损、移位，导致操作失灵。

5. 工作台不能快速进给

该故障出现的原因是牵引电磁铁电路不通，这多是由线头脱落、线圈损坏或机械卡死引起的。

第六节 桥式起重机电气控制

起重机是用来起吊和搬移重物的一种生产机械,通常也称为行车或天车,它广泛应用于工矿企业、车站、港口、仓库、建筑工地等场所,以完成各种繁重任务,改善人们的劳动条件,提高劳动生产率,是现代化生产不可缺少的工具之一。

起重机按其结构的不同,可分为桥式起重机、门式起重机、塔式起重机、旋转起重机及缆索起重机等。其中以桥式起重机的应用最为广泛,厂房中使用的起重机几乎都是桥式起重机。

一、桥式起重机的主要结构和运动形式

桥式起重机由桥架、起重小车、大车走行机构及操作室等构成,其结构如图 5-11 所示。

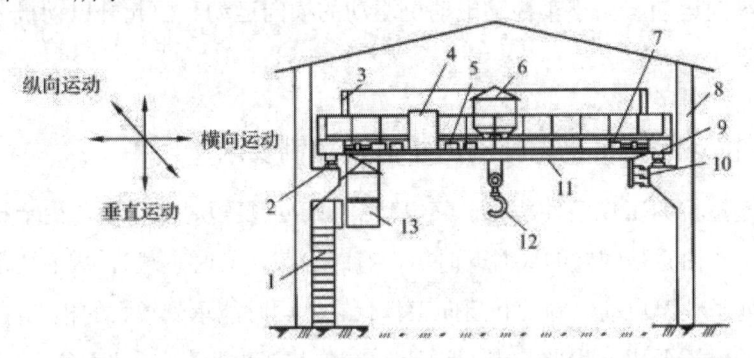

1—梯子;2—大车轨道;3—辅助滑线架;4—电控柜;5—电阻箱;
6—起重小车;7—大车走行机构;8—厂房立柱;9—端梁;
10—主滑线;11—主梁;12—吊钩;13—操作室。

图 5-11 桥式起重机结构示意图

桥架是桥式起重机的基本构件,由主梁、端梁等构成。主梁跨架在车间上空,其两端连有端梁,主梁外侧装有走台并设有安全栏杆。桥架上装有大

车走行机构、电控柜、起升机构、小车运行机构以及辅助滑线架。桥架的一端有操作室，另一端有引入电源的主滑线。

大车走行机构由驱动电动机、制动器、传动轴、减速器和车轮等构成。其驱动方式有集中驱动和分别驱动两种。目前，我国生产的桥式起重机大部分采用分别驱动方式。整个桥式起重机在大车走行机构驱动下，沿车间长度方向做纵向移动。

小车运行机构由小车架、小车走行机构和起升机构组成。小车架由钢板焊成，其上装有小车走行机构、起升机构、栏杆及起升限位开关。小车可沿桥架主梁上的轨道做横向移行，在小车运动方向的两端装有缓冲器和限位开关。小车走行机构由电动机、减速器、制动器等组成。电动机经减速后带动主动轮使小车运动。起升机构由电动机、减速器、卷筒、制动器等组成，起升电动机通过制动轮、联轴节与减速器连接，减速器输出轴与起吊卷筒相连。

通过以上分析可知，桥式起重机的运动形式有三种，即由大车拖动电动机驱动的纵向运动、由小车拖动电动机驱动的横向运动和由起升电动机驱动的重物升降（垂直）运动。

二、桥式起重机电力拖动的特点及控制要求

桥式起重机的工作条件恶劣，其电动机属于重复短时工作制。由于桥式起重机的工作性质是间歇的（时开时停，有时轻载，有时重载），因而要求电动机经常处于频繁启动、制动和反向工作状态，同时能承受较大的机械冲击，并有一定的调速要求。为此，专门设计了起重用电动机，它分为交流和直流两大类，交流起重用异步电动机的转子有绕线式和鼠笼式两种，一般用在中小型桥式起重机上；直流电动机一般用在大型桥式起重机上。

为了提高桥式起重机的生产效率，增强其可靠性，对其电力拖动和自动控制等方面都提出了很高的要求，这些要求集中反映在对提升机构的控制上，而对大车及小车运行机构的要求就相对低一些，主要是保证有一定的调速范围和适当的保护。

对桥式起重机提升机构电力拖动与自动控制的主要要求如下：

（1）空钩能快速升降，以减少辅助工作时间，提高效率。轻载的起升速度应大于额定负载的起升速度。

（2）具有一定的调速范围，对于普通桥式起重机，调速范围一般为3∶1，而要求高的地方则应达到5∶1~10∶1。

（3）在提升之初或重物接近预定位置附近时，都需要低速运行。因此，升降控制应将速度分为几挡，以便灵活操作。

（4）提升第一挡，为避免过大的机械冲击，消除传动间隙，使钢丝绳张紧，电动机的启动转矩不能过大，一般限制在额定转矩的一半以下。

（5）当负载下降时，根据重物的大小，拖动电动机的转矩可以是电动转矩，也可以是制动转矩，两者之间的转换是自动进行的。

（6）为确保安全，要采用电气与机械双重制动，在减少机械抱闸的磨损的同时，防止因突然断电而使重物自由下落，造成设备和人身事故。

（7）具有完备的电气保护与连锁环节。

由于桥式起重机使用广泛，因而它的控制设备已经标准化。根据拖动电动机容量的大小，常用的控制方式有两种：一种是采用凸轮控制器直接去控制电动机的启停、正反转、调速和制动，这种控制方式由于受到控制器触点容量的限制，因而只适用于小容量起重电动机的控制；另一种是采用主令控制器与磁力控制屏配合的控制方式，适用于容量较大、调速要求较高的起重电动机和工作十分繁重的桥式起重机。对于15 t以上的桥式起重机，一般同时采用两种控制方式，主提升机构采用主令控制器配合磁力控制屏控制的方式，而大、小车走行机构和副提升机构则采用凸轮控制器控制方式。

三、凸轮控制器控制绕线式转子异步电动机电路

凸轮控制器具有维护方便、价格便宜等优点，适用于中小型起重机的走行机构电动机和小型提升机构电动机的控制。5 t桥式起重机的控制电路一般就采用凸轮控制器控制。

凸轮控制器控制绕线式转子异步电动机的电路如图 5-12 所示。凸轮控制器控制电路的特点是以凸轮控制器圆柱表的展开图来表示。由图 5-12 可见，凸轮控制器 SA 有编号为 1~12 的 12 对触点，以竖画的细实线来表示；而凸轮控制器的手轮右旋（控制电动机正转）和左旋（控制电动机反转）各有 5 个挡位，加上中间位置（称为"零位"）共有 11 个挡位，用横画的细虚线表示；每对触点在各挡位是否接通，则以在横竖线交点的黑圆点表示，有黑点的表示接通，无黑点的则表示断开。

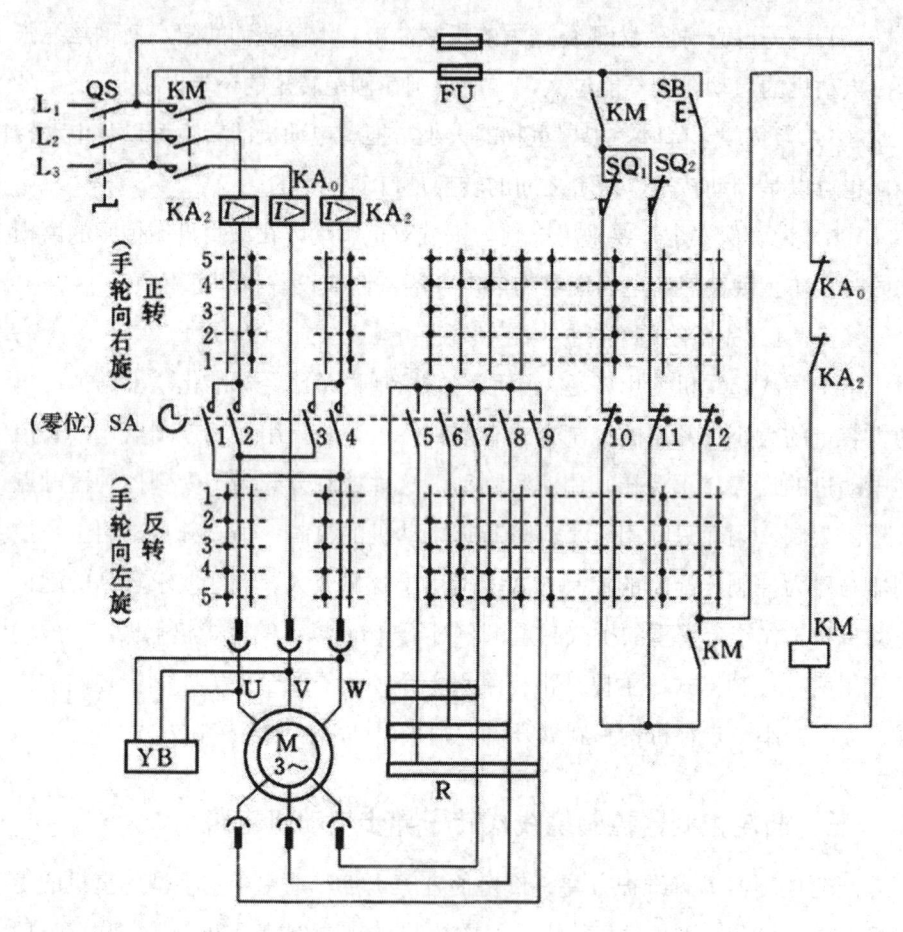

图 5-12 凸轮控制器控制绕线式转子异步电动机的电路

第五章
常用生产机械的电气控制

图 5-12 中，M 为三相绕线式转子异步电动机，在转子电路中串入三相不对称电阻 R，用于启动及调速控制。YB 为电磁制动抱闸的电磁铁，其三相电磁线圈与电动机 M 的定子绕组并联。QS 为电源引入开关，KM 为控制电路电源的接触器。KA_0 和 KA_2 为过电流继电器，其线圈（KA_0 为单线圈，KA_2 为双线圈）串联在电动机 M 的三相定子电路中，而其动断触点串联在 KM 的线圈支路中。

1.电动机定子电路

在操作之前，应先将 SA 置于零位，由图 5-12 可知，SA 的触点 10、11、12 在零位接通，然后合上电源开关 QS，按下启动按钮 SB，接触器 KM 线圈通过 SA 的触点 12 通电，KM 的 3 对主触点闭合，接通电动机 M 的电源，然后可以用 SA 操作电动机 M 的运行。SA 的触点 10、11 与 KM 的动合触点一起构成正转或反转的自锁电路。

凸轮控制器 SA 的触点 1—4 用于控制电动机 M 的正、反转。由图 5-12 可知，SA 右旋 5 挡，触点 2、4 均接通，M 正转；而左旋 5 挡则是触点 1、3 接通，改变电源的相序，M 反转；在零位时，4 对触点均断开。

2.电动机转子电路

凸轮控制器 SA 的触点 6—9 用于控制电动机 M 的转子电阻 R，以实现对 M 启动和转速的控制。由图 5-12 可知，SA 的触点 6—9 在中间零位均断开，而在左、右旋各 5 挡的通断情况是完全对称的。在左（右）旋第 1 挡，SA 的触点 6—9 均断开，三相不对称电阻 R 全部串入电动机 M 转子电路，此时电动机 M 的转速最低；当 SA 置于第 2、3、4 挡时，触点 5、6、7 依次接通，将 R 逐级不对称切除，电动机 M 的转速逐步升高；当 SA 置于第 5 挡时，SA 的触点 6、9 全部接通，R 全部被切除，电动机 M 转速最高。

由以上分析可知，凸轮控制器在启动的过程中逐级切除转子电阻，以调节电动机的启动转矩和转速。从第 1 挡到第 5 挡，电阻逐渐减小至全部切除，转速逐渐升高。

3.保护电路

图 5-12 所示的电路具有欠电压保护、零电压和零位保护、过载保护、行程终端限位保护等功能。

（1）欠电压保护

接触器 KM 本身具有欠电压保护功能，当电源电压不足时，KM 因电磁吸力不足而复位，其动合主触点和自锁触点都断开，从而切断电源。

（2）零电压和零位保护

采用按钮 SB 启动，SB 动合触点与 KM 的自锁动合触点相并联的电路，都具有零电压（失电压）保护功能，在操作中一旦断电，就必须再次按下 SB 才能重新接通电源。在此基础上，采用凸轮控制器控制的电路在每次重新启动时，还必须将凸轮控制器旋回中间的零位，使触点 12 接通，才能够按下 SB 接通电源，这样可以防止在凸轮控制器还置于左右某一挡位，电动机转子电路串入的电阻较小的情况下启动电动机，造成较大的启动转矩和电流冲击，甚至事故。这一保护作用称为零位保护。触点 12 只有在零位才接通，而其他 10 个挡均断开，故称触点 12 为零位保护触点。

（3）过载保护

采用过电流继电器提供过流（包括短接、过载）保护，过电流继电器 KA_0、KA_2 的动断触点串联在 KM 线圈支路中，一旦出现过电流便切断 KM 线圈回路，从而切断电源。

（4）行程终端限位保护

采用行程开关 SQ_1 和 SQ_2 为电动机正、反转的行程终端提供限位保护。

四、用凸轮控制器控制的 5～10 t 桥式起重机电气控制电路

1.主电路

5～10 t 桥式起重机电气控制电路如图 5-13 所示。图中共有 4 台绕线式转子异步电动机，它们分别是起升电动机 M_1、小车走行电动机 M_2、大车走行电动机 M_3 和 M_4。大车走行电动机采用了分别驱动的方式。4 台电动机分别由 3

台凸轮控制器控制，其中 SA_1 控制 M_1，SA_2 控制 M_2，SA_3 同步控制 M_3 和 M_4。$R_1 \sim R_4$ 分别为 4 台电动机电路串入的调速电阻器；$YB_1 \sim YB_4$ 则分别为 4 台电动机的制动电磁铁。三相电源由 QS_1 引入，并由接触器 KM 控制。过电流继电器 $KA_0 \sim KA_4$ 提供过流保护，其中 $KA_1 \sim KA_4$ 为双线圈式，分别保护 M_1、M_2、M_3 和 M_4；KA_0 为单线圈式，单独串联在主电路的一相电源线中，为总电路提供过流保护。

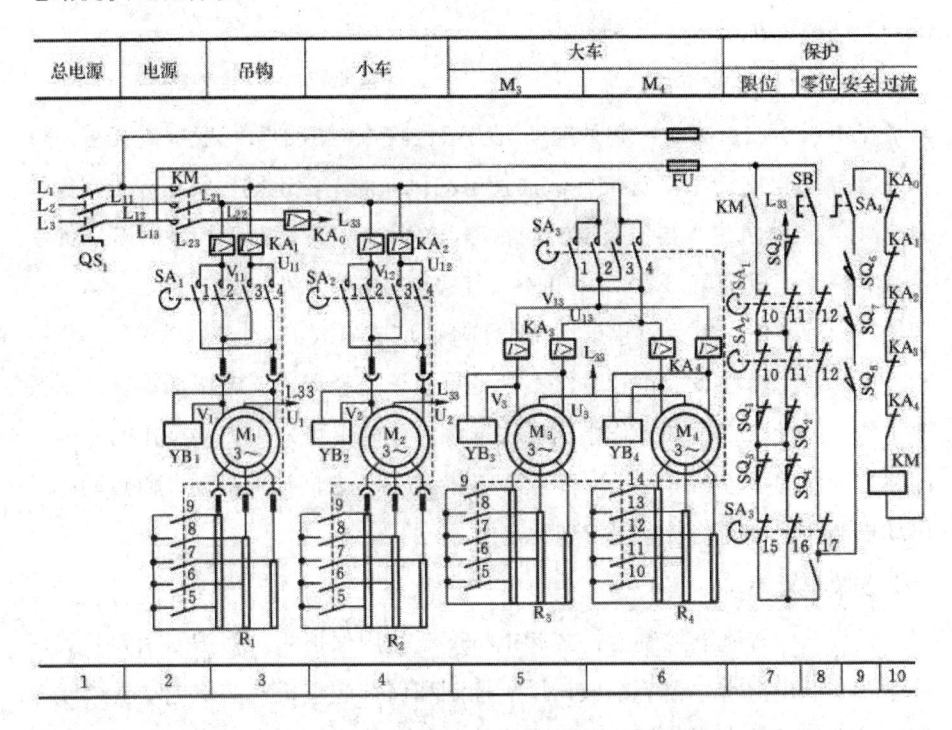

图 5-13　5～10 t 桥式起重机电气控制电路

图 5-13 与图 5-12 的不同之处在于凸轮控制器 SA_3 共有 17 对触点，多出的 5 对触点用于控制另一台电动机的转子电路，因此可以同步控制两台绕线式转子异步电动机。另外，在进行提升和下放的操作时要按下述方式进行：

（1）提升重物

在提升重物时，起升电动机为正转（凸轮控制器 SA_1 右旋），第 1 挡的启动转矩很小,是作为预备级,用于消除传动齿轮的间隙并张紧钢丝绳,在第 2~5 挡提升速度逐渐提高。

(2) 轻载下放重物

在轻载下放重物时,起升电动机为反转(凸轮控制器 SA_1 左旋),因为下放的重物较轻,其重力矩 T_w 不足以克服摩擦转矩 T_f,所以电动机工作在反转状态,电动机的电磁转矩 T 与 T_w 方向一致,迫使重物下降($T_w+T>T_f$)。在不同的挡位可获得不同的下降速度。

(3) 重载下放重物

在重载下放重物时,起升电动机仍然反转,但由于负载较重,其重力矩 T_w 与电动机电磁转矩 T 方向一致而使电动机加速,当电动机转速大于同步转速 n_0 时,电动机进入再生发电制动状态,在操作时应将凸轮控制器 SA_1 的手轮从零位迅速扳至第 5 挡,中间不允许停留,往回操作时也一样,应从第 5 挡快速扳回零位,以免引起重物高速下降而造成事故。

由此可见,在下放重物时,不论是重载还是轻载,该电路都难以控制低速下降。因此,在下放操作中需要较准确定位时,可采用点动操作的方式,即将控制器的手轮在下降(反转)第 1 挡与零位之间来回扳动,以点动起升电动机,并配合制动器实现较准确定位。

2. 保护电路

采用凸轮控制器控制的桥式起重机广泛使用保护箱。保护箱由刀开关、接触器和过电流继电器等组成,用于控制和保护起重机,实现电动机过载保护、失电压保护、零位保护和限位保护。保护箱有定型产品。保护电路如图 5-13 所示,主要是 KM 的线圈电路,该电路具有欠电压与零电压保护、零位保护、过载保护、安全保护、行程终端限位保护等保护功能。

(1) 欠电压与零电压保护

接触器 KM 本身具有欠电压保护功能,当电源电压不足(低于额定电压的 85%)时,KM 因电磁吸力不足而复位,切断电源。

(2) 零位保护

采用凸轮控制器控制的电路在每次重新启动时，都必须将凸轮控制器旋回中间的零位，使零位触点 12 与 17 接通，才能够按下 SB 接通电源，这样可以防止在控制器还置于左右某一挡位，电动机转子电路串入的电阻较小的情况下启动电动机，造成较大的启动转矩和电流冲击，甚至事故。

(3) 过载保护

采用过电流继电器提供过流（包括短接、过载）保护，过电流继电器 $KA_0 \sim KA_4$ 的动断触点串联在 KM 线圈支路中，一旦出现过电流便切断 KM 线圈回路，从而切断电源。

(4) 安全保护

SA_4 为事故紧急开关，在一般情况下处于闭合状态，一旦发生事故或出现紧急情况，可断开 SA_4 紧急停车。SQ_6 是驾驶舱门安全开关，SQ_7 和 SQ_8 是横梁栏杆门的安全开关，平时驾驶舱门和横梁栏杆门都应关好，将 SQ_6、SQ_7、SQ_8 都压合，若有人进入桥架进行检修时，这些门开关就被打开，即使按下 SB 也不能使 KM 通电。

(5) 行程终端限位保护

行程开关 SQ_1、SQ_2 分别为小车右行和左行提供行程终端限位保护，其动断触点分别串联在 KM 的自锁支路中。行程开关 SQ_3、SQ_4 分别为大车的前进与后退提供行程终端限位保护，SQ_5 为吊钩上升提供行程终端限位保护。

五、用按钮开关操作的小吨位桥式起重机电气控制电路

小吨位桥式起重机可采用按钮开关在地面上进行操作控制。用按钮开关操作的小吨位桥式起重机控制电路如图 5-14 所示。

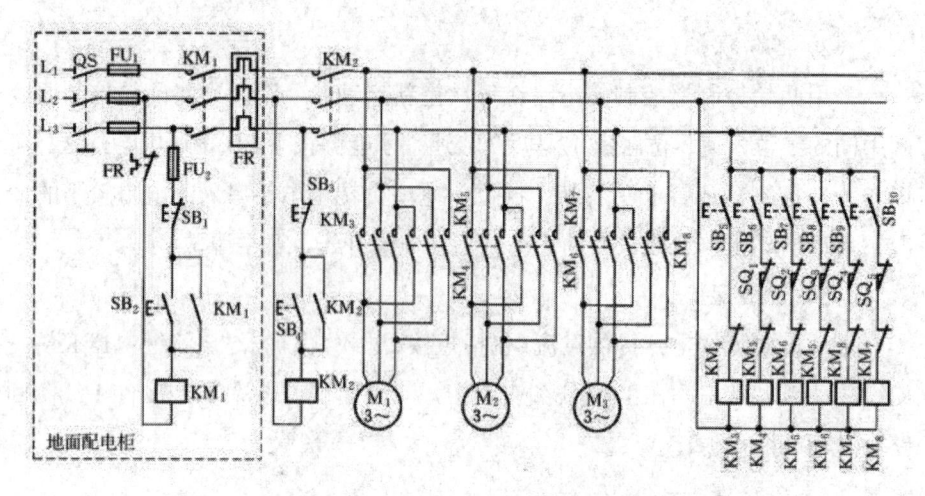

图 5-14　用按钮开关操作的小吨位桥式起重机控制电路

在图 5-14 所示的电路中，3 台电动机均为鼠笼式异步电动机，不具有调速功能，而且 3 台电动机均采用点动控制，以确保搬运重物的安全。这种起重机地面配电柜通常是安装在厂房一侧墙壁上，是固定不动的，当需要操作起重机时，可打开配电柜盖，合上总电源开关 QS，按下总按钮 SB$_2$，则接触器 KM$_1$ 通电，闭合主触点 KM$_1$，三相交流电源给起重机的 3 根滑线供电。

小吨位桥式起重机电路的操作过程如下：当需要操作起重机时，操作人员站在起重机下方地面上，手握操作按钮盒，先按下起重机按钮 SB$_4$，则接触器 KM$_2$ 通电，3 组主触点闭合，随后操作起重机上 3 台电动机中任一台电动机的运行；在操作大车和小车运动时，操作人员必须随大车或小车的运动方向一起运动。

行程开关 SQ$_1$～SQ$_5$ 分别为吊钩上升、大车前后运动、小车左右运动提供行程终端限位保护。

第六章 某品牌 S7-200 系列 PLC 在一般控制系统中的应用举例

第一节 三路抢答器 PLC 控制系统的应用

一、任务简述

某三路抢答器有 3 个抢答席和 1 个主持人席，每个抢答席上各有 1 个抢答按钮和 1 盏抢答指示灯。其控制要求如下：在参赛者被允许抢答时，第一个按下抢答按钮的参赛者的抢答席上的指示灯会亮，且释放抢答按钮后，指示灯仍然亮；此后，即使另外两个参赛者再按各自的抢答按钮，其抢答席上的指示灯也不会亮。这样主持人就可以轻易地知道是谁第一个按下抢答器的。该题抢答结束后，主持人按下主持席上的复位按钮后，指示灯熄灭，参赛者可以进行下一题的抢答比赛。

二、相关知识

1.逻辑取（LD/LDN）及线圈驱动指令（＝）

（1）指令功能

LD（Load）：常开触点逻辑运算的开始，对应梯形图则为在左侧母线或线路分支点处初始装载一个常开触点。

LDN（Load Not）：常闭触点逻辑运算的开始，对应梯形图则为在左侧母线或线路分支点处初始装载一个常闭触点。

＝（Out）：输出指令，对应梯形图则为线圈驱动。

逻辑取及线圈驱动指令的使用说明如下：

①LD、LDN 的操作数：I、Q、M、SM、T、C、S。

②＝：线圈输出指令，可用于输出继电器、辅助继电器、定时器及计数器等，但不能用于输入继电器，一个程序中同一输出触点只能用一次，否则有逻辑错误。

③"＝"指令的操作数：Q、M、SM、T、C、S。

（2）指令格式

LD/LDN、OUT 指令的格式如图 6-1 所示。

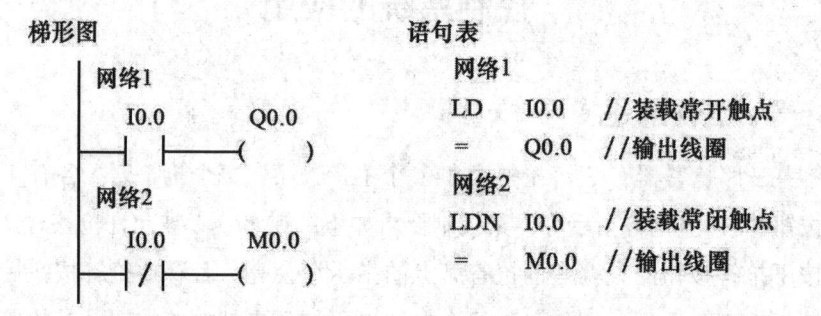

```
梯形图                           语句表
网络1                            网络1
   I0.0      Q0.0                LD    I0.0   //装载常开触点
   ─┤├──────( )                  =     Q0.0   //输出线圈
网络2                            网络2
   I0.0      M0.0                LDN   I0.0   //装载常闭触点
   ─┤/├─────( )                  =     M0.0   //输出线圈
```

图 6-1 LD/LDN、OUT 指令的格式

2.触点串联指令（A/AN）

（1）指令功能

A（And）：与操作，在梯形图中表示串联连接单个常开触点。

AN（And Not）：与非操作，在梯形图中表示串联连接单个常闭触点。

触点串联指令使用说明如下：

①A、AN 指令：是单个触点指令，可连续使用。

②A、AN 的操作数：I、Q、M、SM、T、C、S。

（2）指令格式

A/AN 指令的格式如图 6-2 所示。

第六章 某品牌 S7-200 系列 PLC 在一般控制系统中的应用举例

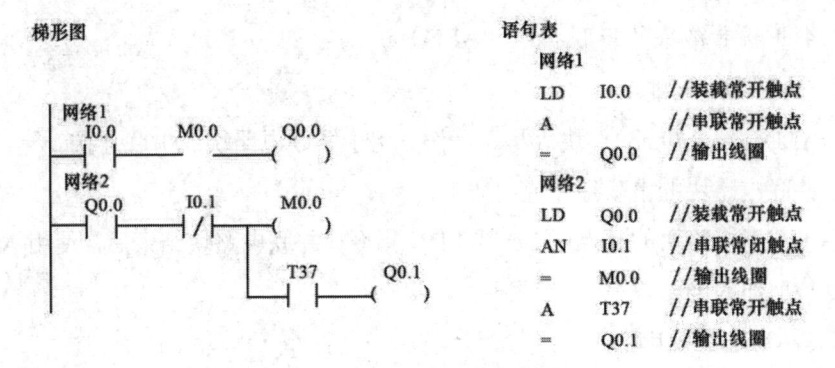

```
梯形图                          语句表
网络1                           网络1
  I0.0    M0.0    Q0.0          LD    I0.0    //装载常开触点
──┤├─────┤├──────( )            A     M0.0    //串联常开触点
                                 =     Q0.0    //输出线圈
网络2                           网络2
  Q0.0    I0.1    M0.0          LD    Q0.0    //装载常开触点
──┤├─────┤/├─────( )            AN    I0.1    //串联常闭触点
                                 =     M0.0    //输出线圈
          T37     Q0.1           A     T37     //串联常开触点
         ──┤├────( )             =     Q0.1    //输出线圈
```

图 6-2　A/AN 指令的格式

3.触点并联指令（O/ON）

（1）指令功能

O（Or）：或操作，在梯形图中表示并联连接一个常开触点。

ON（Or Not）：或非操作，在梯形图中表示并联连接一个常闭触点。

触点并联指令使用说明如下：

①O、ON 指令：是单个触点并联指令，可连续使用。

②O、ON 的操作数：I、Q、M、SM、T、C、S。

（2）指令格式

O/ON 指令的格式如图 6-3 所示。

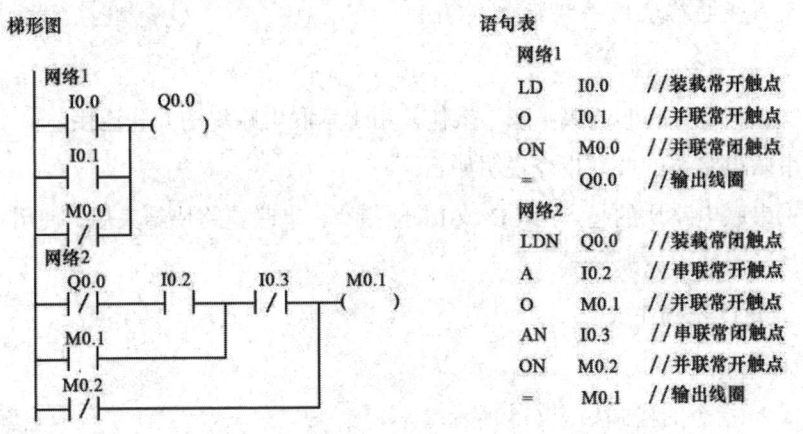

```
梯形图                          语句表
网络1                           网络1
  I0.0        Q0.0              LD    I0.0    //装载常开触点
──┤├─────────( )                O     I0.1    //并联常开触点
  I0.1                          ON    M0.0    //并联常闭触点
──┤├──                          =     Q0.0    //输出线圈
  M0.0                          网络2
──┤/├                           LDN   Q0.0    //装载常闭触点
网络2                           A     I0.2    //串联常开触点
  Q0.0  I0.2  I0.3   M0.1       O     M0.1    //并联常开触点
──┤/├──┤├───┤/├────( )          AN    I0.3    //串联常闭触点
  M0.1                          ON    M0.2    //并联常闭触点
──┤├──                          =     M0.1    //输出线圈
  M0.2
──┤/├
```

图 6-3　O/ON 指令的格式

201

4.并联电路块的串联指令（ALD）

（1）指令功能

ALD（And Load）：块"与"操作，用于并联电路块的串联连接。

并联电路块的串联指令说明如下：

①并联电路块的起点用 LD 或 LDN 指令，并联电路块结束后，使用 ALD 指令与前面的电路块串联。

②ALD 无操作数。

（2）指令格式

ALD 指令的格式如图 6-4 所示。

梯形图

网络1

		语句表		
		LD	I1.0	//装载常开触点
		O	I1.1	//并联常开触点
		LD	I1.2	//装载常开触点
		O	I1.3	//并联常开触点
		ALD		//串联电路块操作
		=	Q0.0	//输出线圈

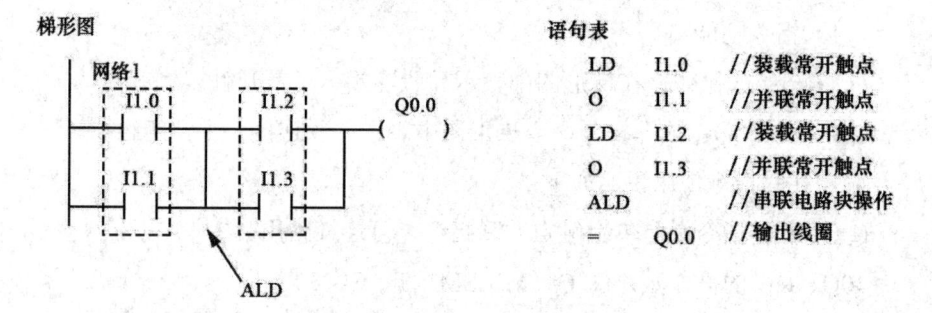

图 6-4 ALD 指令的格式

5.串联电路块的并联指令（OLD）

（1）指令功能

OLD（Or Load）：块"或"操作，用于串联电路块的并联连接。

串联电路块的并联指令说明如下：

①串联电路块的起点用 LD 或 LDN 指令，串联电路块结束后，使用 OLD 指令与前面的电路块并联。

②OLD 无操作数。

（2）指令格式

OLD 指令的格式如图 6-5 所示。

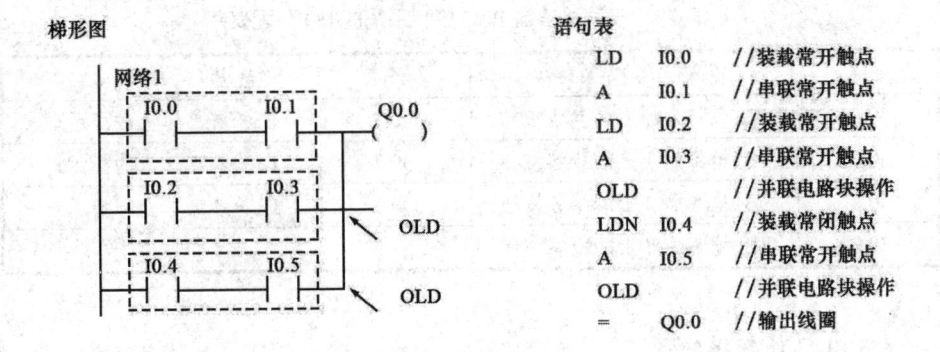

梯形图		语句表	
		LD I0.0	//装载常开触点
		A I0.1	//串联常开触点
		LD I0.2	//装载常开触点
		A I0.3	//串联常开触点
		OLD	//并联电路块操作
		LDN I0.4	//装载常闭触点
		A I0.5	//串联常开触点
		OLD	//并联电路块操作
		= Q0.0	//输出线圈

图 6-5 OLD 指令的格式

三、应用实施

抢答器系统是由 PLC（作为中央控制器）、抢答按钮、抢答指示灯和线路等组成的。每位选手面前有一个按钮用于抢答，并且有一盏指示灯表示谁先抢到问题。有的抢答器还是用蜂鸣器或者数码显示管来显示先抢到问题的那位选手。而主持人面前有一个复位按钮，用于当上一轮抢答结束后，复位系统至初始状态，为下一轮抢答做准备。

1. PLC 的选型

从上面的分析可知，本控制系统有 4 路输入信号，包括 3 位选手的抢答按钮 SB_1、SB_2、SB_3 和 1 位主持人的复位按钮 SB_0；有 3 路输出信号，即作为控制对象的 3 盏抢答指示灯 L_1、L_2、L_3。输入和输出信号均为开关量，所以控制系统可选用 CPU224，集成 14 输入/10 输出共 24 个数字量 I/O 点，满足控制要求，而且有一定的余量。

2. I/O 分配表

三路抢答器 PLC 控制系统的 I/O 分配表见表 6-1。

表 6-1 三路抢答器 PLC 控制系统的 I/O 分配表

输入		输出	
I0.0	SB$_0$ 主持人席上的复位按钮	Q0.1	L$_1$ 抢答席 1 上的指示灯
I0.1	SB$_1$ 抢答席 1 上的抢答按钮	Q0.2	L$_2$ 抢答席 2 上的指示灯
I0.2	SB$_2$ 抢答席 2 上的抢答按钮	Q0.3	L$_3$ 抢答席 3 上的指示灯
I0.3	SB$_3$ 抢答席 3 上的抢答按钮		

3. PLC 外部接线图

三路抢答器 PLC 控制系统的外部接线如图 6-6 所示。

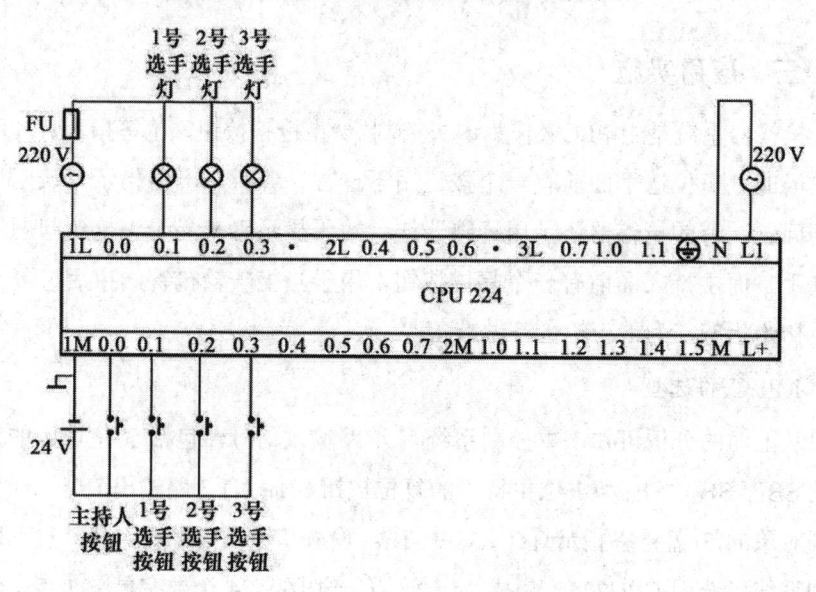

图 6-6 三路抢答器 PLC 控制系统的外部接线

4. 程序设计

抢答器的程序设计如图 6-7 所示。

```
   I0.1   I0.0   Q0.2   Q0.3    Q0.1
───┤├──┬──┤/├───┤/├────┤/├─────(  )
       │
   Q0.1│
───┤├──┘

   I0.2   I0.0   Q0.1   Q0.3    Q0.2
───┤├──┬──┤/├───┤/├────┤/├─────(  )
       │
   Q0.2│
───┤├──┘

   I0.3   I0.0   Q0.1   Q0.2    Q0.3
───┤├──┬──┤/├───┤/├────┤/├─────(  )
       │
   Q0.3│
───┤├──┘
```

图 6-7　抢答器的程序设计

抢答器的程序设计要点有两个：一是如何实现抢答器指示灯的"自锁"功能，即当某一抢答席抢答成功后，即使释放其抢答按钮，其指示灯仍然亮，直至主持人进行复位才熄灭；二是如何保证一位选手抢答后，其他两位选手后抢无效（不会亮灯），即"互锁"功能，同时由于是 3 个人抢答，所以要"两两互锁"。

（1）自锁环节

以 Q0.1 为例，如图 6-8 所示，当 I0.1 接通通电后，Q0.1 通电，随后，即使 I0.1 断开，由于 Q0.1 仍保持得电状态，故与 I0.1 并联的 Q0.1 开关处于接通状态，因此 Q0.1 进入自锁状态。

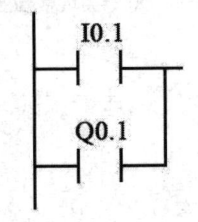

```
       I0.1
   ────┤├────┐
             │
       Q0.1  │
   ────┤├────┘
```

图 6-8　Q0.1 实现自锁

同理，Q0.2、Q0.3 也一样能够实现自锁。

（2）互锁环节

继续以 Q0.1 为例，如图 6-9 所示，在 Q0.1 的这个通路中，Q0.2 与 Q0.3 以常闭触点的形式串联存在，当 Q0.2 或 Q0.3 点亮时，Q0.2 或 Q0.3 的常闭触点将断开，从而使得此条通路断开，按钮 I0.1 无效，实现 3 个按钮的"两两互锁"。

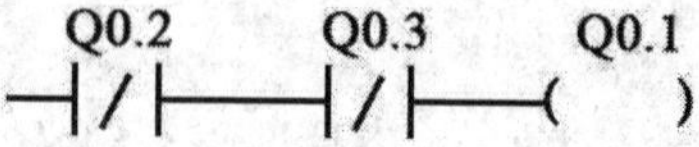

```
     Q0.2    Q0.3    Q0.1
    ──/──── ──/──── ──( )──
```

图 6-9　Q0.1、Q0.2、Q0.3 实现互锁

（3）复位环节

在本例中，主持人可以通过操作按钮，实现抢答器指示灯的复位，这一操作实现方法如下：

以 Q0.1 为例，如图 6-10 所示，将 I0.0 作为一常闭触点与互锁进行串联，倘若 Q0.1 处于断电状态，则不起任何作用，倘若 Q0.1 处于通电状态，则由于常闭触点被按下后转为断开，此条通路被断开，Q0.1 断电，恢复不了点亮状态，即实现复位操作。

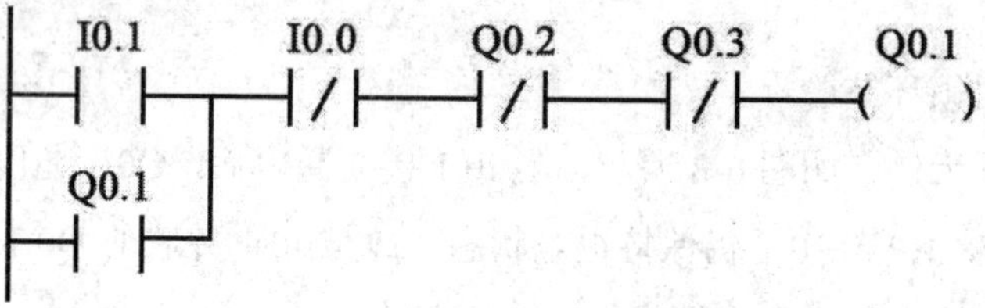

```
     I0.1    I0.0    Q0.2    Q0.3    Q0.1
    ──┤├──┬──/────  ──/────  ──/────  ──( )──
          │
     Q0.1 │
    ──┤├──┘
```

图 6-10　Q0.1 实现复位操作

5. 程序调试

在检查完后将程序下载到 PLC，运行调试，如有问题，则检查排除故障。

第二节　水塔水位自动控制系统的应用

一、任务简述

如图 6-11 所示，当水池水位低于下限水位 S4 时，电磁阀 Y 打开，给水池注水；当水池水位高于上限水位 S3 时，电磁阀 Y 关闭。

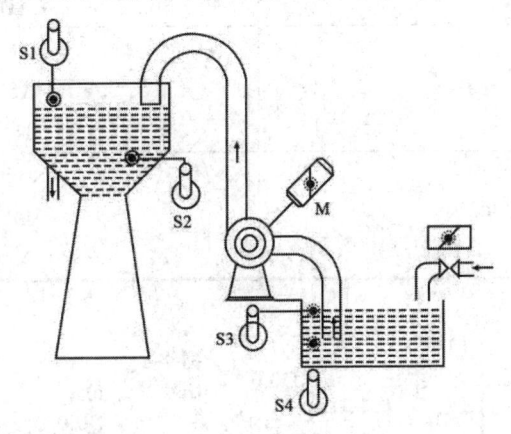

图 6-11　水塔水位自动控制系统示意图

当水塔水位低于下限水位 S2 时，水泵 M 工作，抽取水池中的水，向水塔供水；当水塔水位高于上限水位 S1 时，水泵 M 停止工作。

当水塔水位低于下限水位 S2，且水池水位也低于其下限水位 S4 时，水泵 M 不启动。

S1、S2、S3、S4 为 4 个液位传感器，用于测量水位的高低，其工作原理是：当水位漫过液位传感器时，该传感器为 ON，否则为 OFF。

二、相关知识

1.置位/复位指令（S/R）

（1）指令功能

置位指令 S（Set）：使能输入有效后从起始位 S-bit 开始的 N 个位置"1"并保持。

复位指令 R（Reset）：使能输入有效后从起始位 R-bit 开始的 N 个位清"0"并保持。

（2）指令格式、用法与时序

S/R 指令的格式如表 6-2 所示，用法如图 6-12 所示。

表 6-2　S/R 指令的格式

STL	LAD
S S-bit, N	S-bit —（S） N
R R-bit, N	R-bit —（R） N

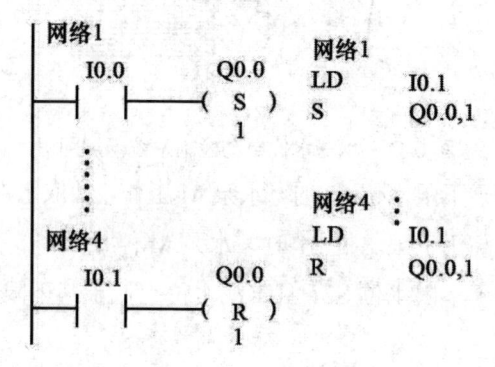

```
网络1
   I0.0         Q0.0      网络1
    ┤├────────( S )       LD    I0.1
                1         S     Q0.0,1
    ⋮
                          网络4
网络4                      LD    I0.1
   I0.1         Q0.0      R     Q0.0,1
    ┤├────────( R )
                1
```

图 6-12　S/R 指令的用法

S/R 指令的时序如图 6-13 所示。

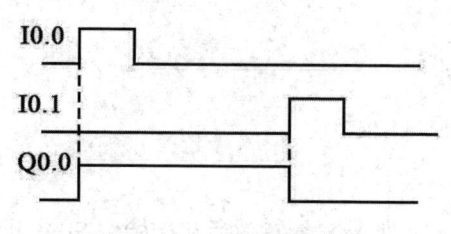

图 6-13　S/R 指令的时序图

2.边沿触发指令（EU/ED）

（1）指令功能

EU（Edge Up）指令：在 EU 指令前有一个上升沿时（OFF→ON）产生一个宽度为一个扫描周期的脉冲，驱动其后输出线圈。

ED（Edge Down）指令：在 ED 指令前有一个下降沿时（ON→OFF）产生一个宽度为一个扫描周期的脉冲，驱动其后输出线圈。

（2）指令格式、用法与时序

EU/ED 指令的格式如表 6-3 所示，用法如图 6-14 所示。

表 6-3　EU/ED 指令的格式

STL	LAD	操作数
EU（Edge Up）	─┤P├─	无
ED（Edge Down）	─┤N├─	无

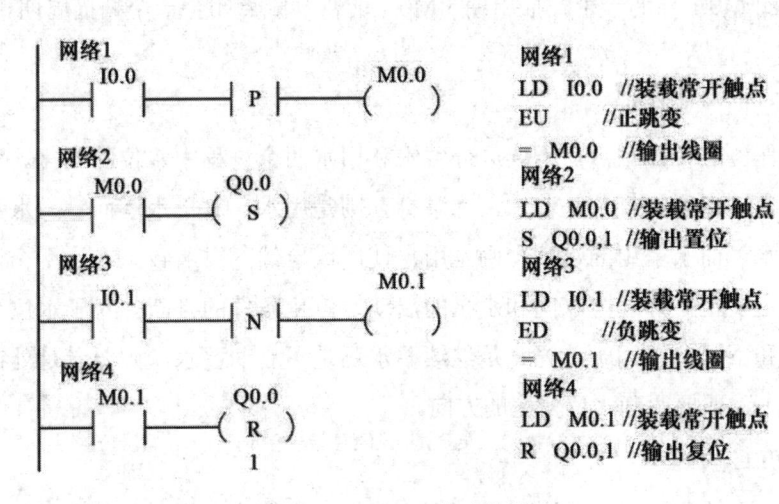

```
网络1                          网络1
   I0.0        P      M0.0     LD   I0.0   //装载常开触点
   ─┤├─────┤├─────( )          EU          //正跳变
                                =    M0.0   //输出线圈
网络2                          网络2
   M0.0              Q0.0      LD   M0.0   //装载常开触点
   ─┤├──────────────( S )      S    Q0.0,1 //输出置位

网络3                          网络3
   I0.1        N      M0.1     LD   I0.1   //装载常开触点
   ─┤├─────┤├─────( )          ED          //负跳变
                                =    M0.1   //输出线圈
网络4                          网络4
   M0.1              Q0.0      LD   M0.1   //装载常开触点
   ─┤├──────────────( R )      R    Q0.0,1 //输出复位
                      1
```

图 6-14　EU/ED 指令的用法

EU/ED 指令的时序分析见图 6-15。

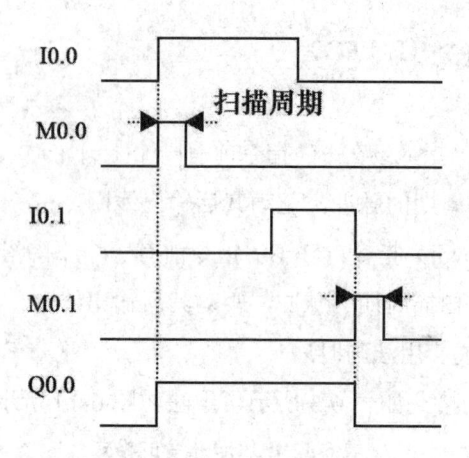

图 6-15　EU/ED 指令的时序分析

程序分析如下：I0.0 的上升沿，经触点（EU）产生一个扫描周期的时钟脉冲，驱动输出线圈 M0.0 导通一个扫描周期，M0.0 的常开触点闭合一个扫描周期。I0.1 的下降沿，经触点（ED）产生一个扫描周期的时钟脉冲，驱动输出线圈 M0.1 导通一个扫描周期，M0.1 的常开触点闭合一个扫描周期。

三、应用实施

该任务的设计难点在于要区分蓄水和用水两个过程中水位的变化。对于水池而言，电磁阀打开是蓄水，水泵打开则是用水；对于水塔而言，水泵打开是蓄水，而水塔用的水减少则是用户使用或自然蒸发所致。在这两个过程中，一定要把握好对电磁阀和水泵的启动、停止条件的判断。对于水位处于上限位和下限位之间时，究竟是继续蓄水还是不启动蓄水，则要看是处在哪个过程中，即要明确水位变化的方向。

1. PLC 的选型

从上面的分析可知系统有 4 路输入信号，包括水池和水塔的上下限位开关；有 2 路输出信号，用于给水池蓄水的电磁阀和给水池抽水、给水塔蓄水的水泵。输入和输出均为开关量，所以控制系统可选用 CPU224，集成 14 输入/10 输出共 24 个数字量 I/O 点，满足控制要求，而且有一定的余量。

2.I/O 地址分配

水塔水位自动控制系统的 I/O 地址分配见表 6-4。

表 6-4 水塔水位自动控制系统的 I/O 地址分配表

I/O 地址	说明
I0.1	水塔水位上限 S1，当水位高于此传感器时，I0.1 状态为 On
I0.2	水塔水位下限 S2，当水位高于此传感器时，I0.2 状态为 On
I0.3	水池水位上限 S3，当水位高于此传感器时，I0.3 状态为 On
I0.4	水池水位下限 S4，当水位高于此传感器时，I0.4 状态为 On
Q0.1	电磁阀 Y
Q0.2	水泵 M

3.PLC 外部接线图

水塔水位自动控制系统的外部接线如图 6-16 所示。

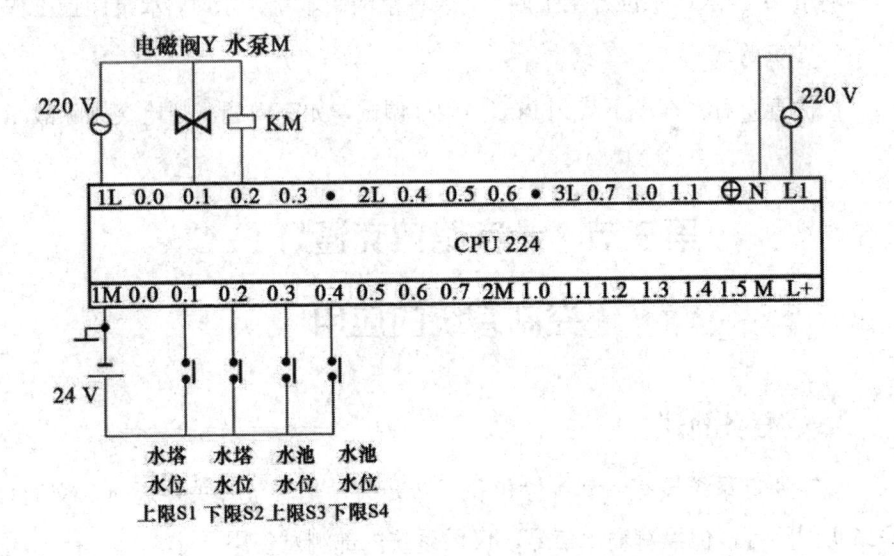

图 6-16 水塔水位自动控制系统的外部接线

4.PLC 程序

程序说明：

网络 1：初始状态，水池和水塔内皆为空，电磁阀、水泵及所有液位传感器都为 OFF。

网络 2：当水池水位降至下限位时，S4 发出信号。

网络 3：当水池水位降至下限位，或者水池中本身无水时，打开电磁阀 Y 给水池注水。

网络 4：当水池水位升至上限位时，S3 发出信号。

网络 5：当水池水位升至上限位时，关闭电磁阀，停止给水池注水。

网络 6：当水塔水位降至下限位时，S2 发出信号。

网络 7：当水塔水位降至下限位，或者水塔中本身就没有水时，启动水泵 M 从水池中抽水，但前提是水池中有水（水池水位必须在下限位以上）。

网络 8：当水塔水位升至上限位时，S1 发出信号。

网络 9：当水塔水位升至上限位，或者水池中本身无水时，水泵停止工作。

5.程序调试

在检查完后将程序下载到 PLC，运行调试，如有问题，则检查排除故障。

第三节 十字路口交通灯 PLC 控制系统的应用

一、任务简述

该交通灯系统设有启动、停止和屏蔽开关，当屏蔽开关接通时，交通灯系统仍然运行，但没有输出信号，仅供系统内部测试使用。

当触发启动信号后，东西方向红灯亮时，南北方向绿灯亮，当南北方向绿灯亮到设定时间（10 s）时，绿灯闪烁三次，闪烁周期为 1 s，然后黄灯亮

2 s，当南北方向黄灯熄灭后，东西方向绿灯亮，南北方向红灯亮，当东西方向绿灯亮到设定时间（10 s）时，绿灯闪烁三次，闪烁周期为 1 s，然后黄灯亮 2 s，当东西方向黄灯熄灭后，再转回东西方向红灯亮，南北方向绿灯亮……周而复始，不断循环。

二、相关知识

在本任务中，采用时序图对一个控制系统进行时序分析，通过找出各个输出信号的起止时刻，将各个控制对象用一张时序图表示出来，如图 6-17 所示，由于涉及时间参量，所以在进行系统设计时要用到 S7-200 系列 PLC 的定时器指令，现举两个实例加以说明。

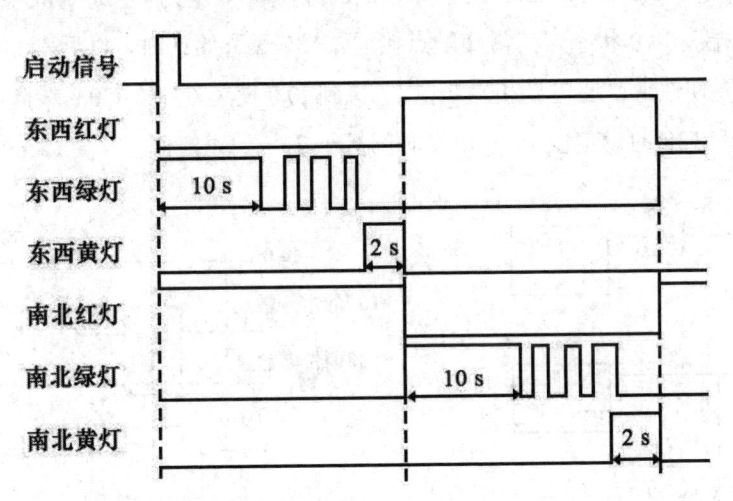

图 6-17 控制对象的时序图

（1）用接在 I0.0 输入端的光电开关检测传送带上通过的产品，有产品通过时 I0.0 为 ON，如果在 10 s 内没有产品通过，由 Q0.0 发出报警信号，用 I0.1 输入端外接的开关解除报警信号。对应的梯形如图 6-18 所示。

图 6-18　产品检测梯形图

　　(2) 在报警、娱乐场合,闪烁电路随处可见。梯形图程序及时序如图 6-19 所示。程序分析如下:I0.0 的常开触点接通后,T37 的 IN 输入端为 1 状态,T37 开始计时。2 s 后定时时间到,T37 的常开触点接通,使 Q0.0 变为 ON,同时 T38 开始计时。3 s 后 T38 的定时时间到,它的常闭触点断开,使 T37 的 IN 输入端变为 0 状态,T37 的常开触点断开,Q0.0 变为 OFF,同时使 T38 的 IN 输入端变为 0 状态,其常闭触点接通,T37 又开始计时,以后 Q0.0 的线圈将这样周期性地"通电"和"断电",直到 I0.0 变为 OFF,Q0.0 线圈"通电"时间等于 T38 的设定值,"断电"时间等于 T37 的设定值。

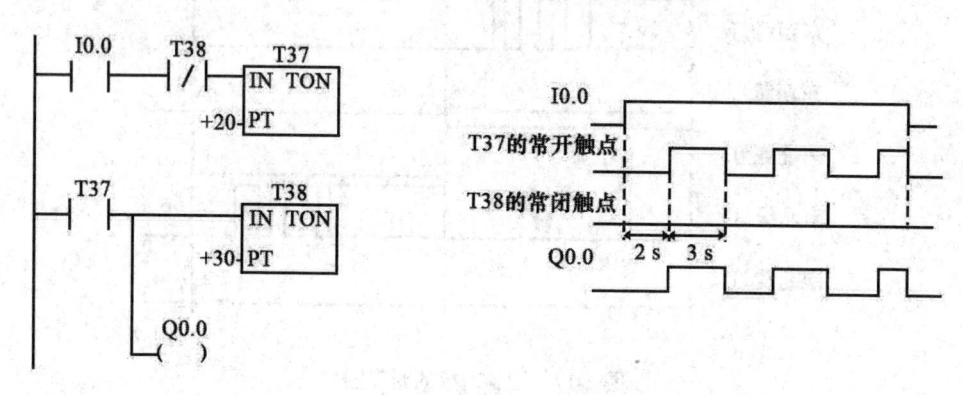

图 6-19　闪烁电路梯形图程序及时序图

三、应用实施

　　交通灯在日常生活中随处可见。以简单的十字路口交通灯为例,为安全有效地控制东西、南北两个方向的车辆通行,当东西方向绿灯亮时,南北方向必然是红灯亮。按照此控制规律,假设先是东西方向绿灯亮,允许东西方向车辆通过，当东西方向绿灯时间快到的时候，先是绿灯闪烁几次，然后黄灯亮作为过渡，最后红灯亮禁止通行，同时南北方向绿灯亮起。

1.PLC 的选型

从上面的分析可知本控制系统有 3 路输入信号，分别为交通灯控制系统的启动按钮；有 6 路输出信号，包括南北方向的红灯、绿灯和黄灯，以及东西方向的红灯、绿灯和黄灯。输入和输出信号均为开关量，所以控制系统可选用 CPU224，集成 14 输入/10 输出共 24 个数字量 I/O 点，满足控制要求，而且有一定的余量。

2.PLC 的 I/O 分配

十字路口交通灯的 PLC 控制系统的 I/O 地址分配如表 6-5 所示。

表 6-5 十字路口交通灯的 PLC 控制系统的 I/O 地址分配表

输入 I 区		输出 Q 区		定时器 T 区	
I0.0	启动开关	Q0.0	东西红灯	T37	东西绿灯平光计时
I0.1	停止开关	Q0.1	东西绿灯	T38	东西绿灯闪光计时
I0.2	屏蔽开关	Q0.2	东西黄灯	T39	东西黄灯计时
		Q0.3	南北红灯	T40	东西绿灯闪光信号源
		Q0.4	南北绿灯	T41	东西绿灯闪光信号配合
		Q0.5	南北黄灯	T42	南北绿灯平光计时
				T43	南北绿灯闪光计时
				T44	南北黄灯计时
				T45	南北绿灯闪光信号源
				T46	南北绿灯闪光信号配合

3.PLC 外部接线图

十字路口交通灯的 PLC 控制系统的外部接线如图 6-20 所示。

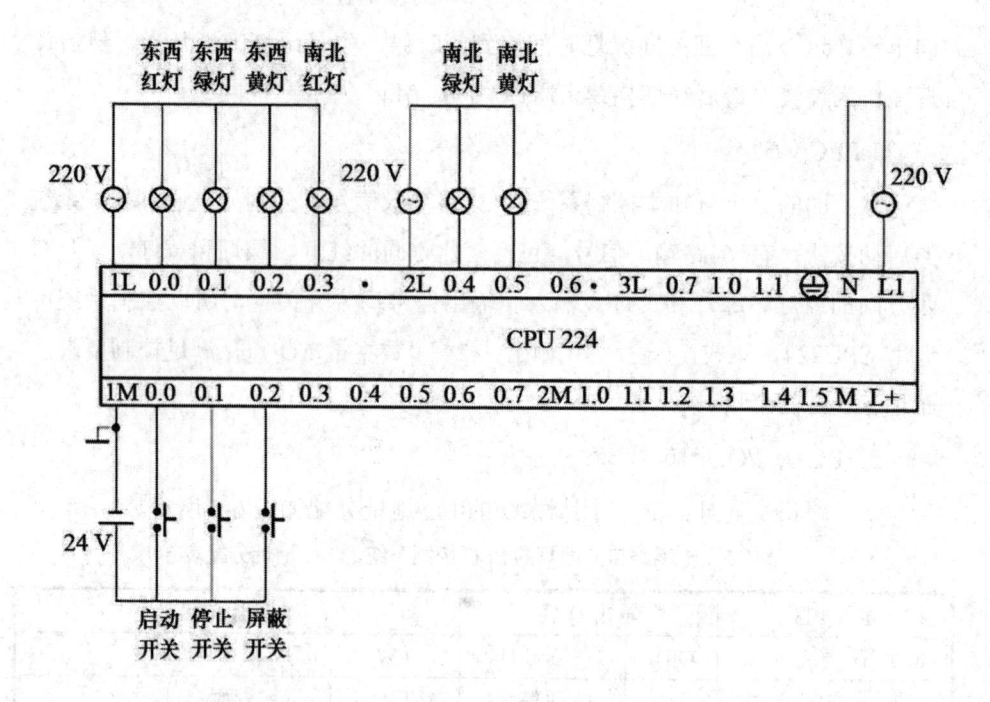

图 6-20　十字路口交通灯的 PLC 控制系统的外部接线

4．梯形图程序

梯形图程序说明：

网络 1：初始状态，所有的交通灯都关闭，所有的定时器及中间继电器都处于复位状态。

网络 2：当启动信号上升沿到来，且停止开关未断开时，启动交通灯系统。

网络 3：若停止信号到来，则关闭交通灯系统，并复位所有定时器。

网络 4：M0.0 为交通灯半周期控制标志位，当启动信号到来时，首先是南北红灯亮，并启动 T37 为东西绿灯计时，屏蔽信号可屏蔽交通灯的输出；10 s 后启动 T38 为东西绿灯闪烁计时，东西绿灯闪烁 3 次，共耗时 3 s；3 s 后东西黄灯亮 2 s；T40 和 T41 组成绿色闪烁子程序，目的是产生周期为 1 s，亮、灭各 0.5 s 的振荡输出；T37 作为绿灯长亮信号，T40 作为绿灯闪烁时长信号，T38 作为绿灯熄灭信号，Q0.4 为东西、南北绿灯的互锁；T38 为黄灯长亮信号，

T39 为黄灯熄灭信号；当东西方黄灯熄灭后，进入交通灯的另外半个周期。

网络 5：M0.1 为交通灯另外半周期的控制信号，此半周期与网络 4 是完全对称的，只需要将"东西"和"南北"颠倒过来即可。

5.梯形图程序调试

在检查完后将程序下载到 PLC，运行调试，如有问题，则检查排除故障。

第四节 全自动洗衣机 PLC 控制系统的应用

一、任务简述

全自动洗衣机的工作方式如下：

（1）按启动按钮，首先进水电磁阀打开，进水指示灯亮。

（2）当水位到达上限时，进水指示灯灭，搅拌轮正反轮流搅拌，各两次。

（3）等待几秒钟，排水阀打开，排水指示灯亮，而后甩干桶灯亮了又灭。

（4）当水位降至下限时，排水指示灯灭，进水指示灯亮。

（5）重复两次（1）～（4）的过程。

（6）当水位第三次降至下限时，蜂鸣器报警 5 s，之后整个过程结束。

在操作过程中，如果按下停止按钮，则可终止洗衣机的运行。手动排水按钮是独立操作命令，手动排水的前提是水位没有降至下限位。全自动洗衣机控制系统示意如图 6-21 所示，全自动洗衣机的状态转移如图 6-22 所示。

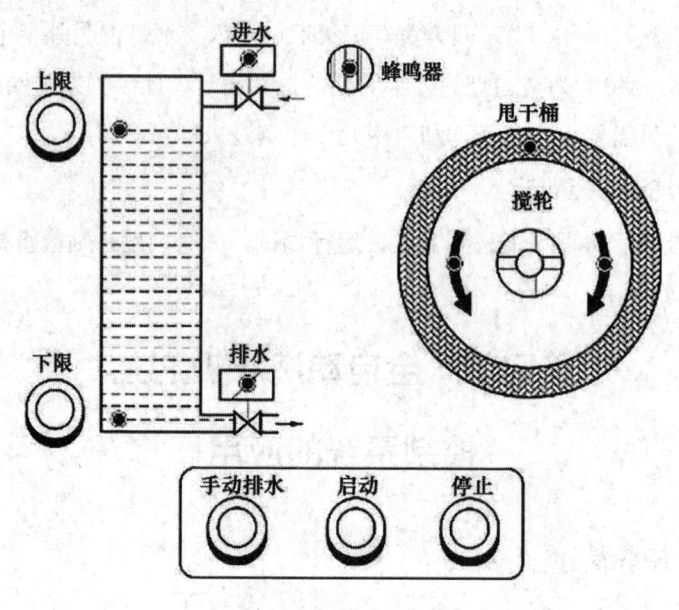

图 6-21 全自动洗衣机控制系统示意图

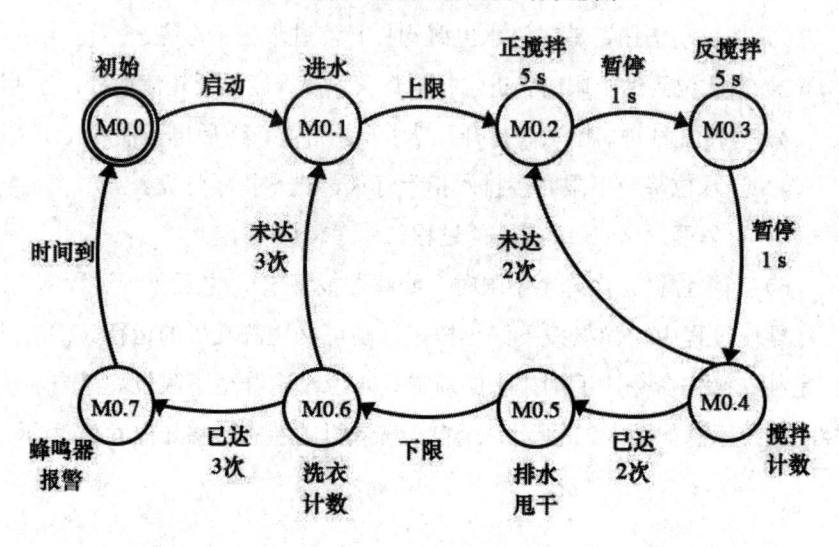

图 6-22 全自动洗衣机的状态转移图

二、相关知识

1.计数器指令介绍

计数器利用输入脉冲上升沿累计脉冲个数。当计数器当前值大于或等于预置值时，状态位置1。

S7-200 系列 PLC 有三类计数器：加计数器 CTU，加/减计数器 CTUD，减计数器 CTD。

（1）计数器指令格式

计数器指令格式如表 6-6 所示。

表 6-6 计数器指令格式

STL	LAD	指令使用说明
CTU Cxxx，PV	???? CU CTU R ????-PV	①梯形图指令符号中，CU 为加计数脉冲输入端；CD 为减计数脉冲输入端；R 为加计数复位端；LD 为减计数复位端；PV 为预置值。 ②Cxxx 为计数器的编号，范围为：C0-C255。 ③预置值 PV 最大为 32 767；PV 的数据类型为 INT；PV 操作数为 VW、T、C、IW、QW、MW、SMW、AC、AIW。
CTD Cxxx，PV	???? CD CTD LD ????-PV	
CTUD Cxxx，PV	???? CU CTUD CD R ????-PV	

（2）计数器工作原理分析

①加计数器指令：当 CU 端有上升沿输入时，计数器当前值加 1。当计数

219

器当前值大于或等于设定值（PV）时，该计数器的状态位置 1，即其常开触点闭合。计数器仍计数，但不影响计数器的状态位，直至计数达到最大值（32 767）。当 R＝1 时，计数器复位，即当前值清零，状态位也清零。

②加/减计数器指令：当 CU 端（CD 端）有上升沿输入时，计数器当前值加 1（减 1）。当计数器当前值大于或等于设定值时，状态位置 1，即其常开触点闭合。当 R＝1 时，计数器复位，即当前值清零，状态位也清零。加减计数器计数范围：－32 768～32 767。

③减计数器指令：当复位 LD 有效时，LD＝1，计数器把设定值（PV）装入当前值存储器，计数器状态位复位（置 0）。当 LD＝0，即计数脉冲有效时，开始计数，CD 端每来一个输入脉冲上升沿，减计数的当前值从设定值开始递减计数，当前值等于 0 时，计数器状态位置位（置 1），停止计数。

2.计数器指令举例

加/减计数器指令应用示例如图 6-23 所示。

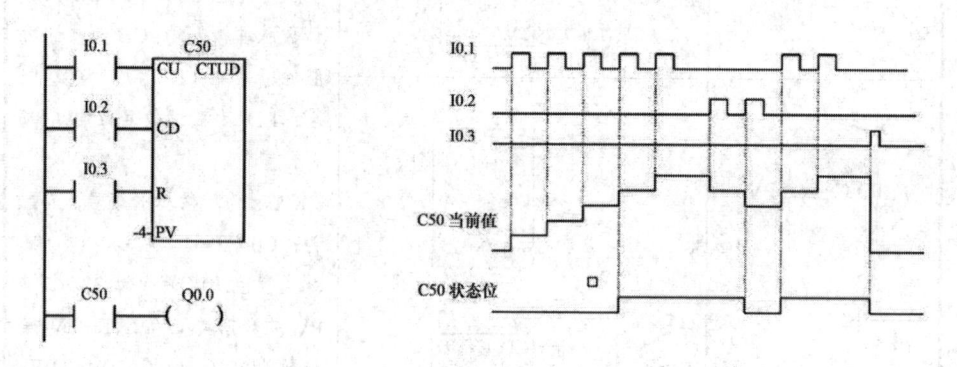

图 6-23　加/减计数器指令应用示例

三、应用实施

工业洗衣机适用于洗涤各种衣物织品，在服装厂、水洗厂、工矿企业、学校、宾馆、酒店、医院等的洗衣房应用广泛，是降低劳动强度、提高工作效率、降低能耗的理想设备。

1.PLC 选型

从上面的分析可知，本控制系统有 5 路输入信号，为 2 个液位传感器和 3 个控制按钮；有 6 路输出信号，包括 2 个电磁阀、3 个接触器和 1 个蜂鸣器。输入和输出信号均为开关量，所以控制系统可选用 CPU224，集成 14 输入/10 输出共 24 个数字量 I/O 点，满足控制要求，而且有一定的余量。

2.PLC 的 I/O 分配

全自动洗衣机的 PLC 控制系统的 I/O 地址分配见表 6-7。

表 6-7　全自动洗衣机的 PLC 控制系统的 I/O 地址分配表

输入 I 区		输出 Q 区	
I0.0	启动按钮	Q0.0	进水指示灯
I0.1	停止按钮	Q0.1	排水指示灯
I0.2	上限位传感器	Q0.2	正搅拌指示灯
I0.3	下限位传感器	Q0.3	反搅拌指示灯
I0.4	手动排水按钮	Q0.4	甩干桶指示灯
		Q0.5	蜂鸣器指示灯
辅助 M 区		定时器 T 区	
M0.0	初始状态	T37	正搅拌工作计时
M0.1	进水	T38	正搅拌间歇计时
M0.2	正转搅拌	T39	反搅拌工作计时
M0.3	反转搅拌	T40	反搅拌间歇计时
M0.4	搅拌计数	T41	甩干前排水计时
M0.5	排水并甩干	T42	甩干桶工作计时
M0.6	洗衣计数	T43	蜂鸣器报警计时
M0.7	蜂鸣器		
M1.0、M1.1	甩干桶工作控制		
		计数器 C 区	
		C0	搅拌计数器
		C1	洗衣计数器

3.PLC 外部接线图

全自动洗衣机的 PLC 控制系统的外部接线如图 6-24 所示。

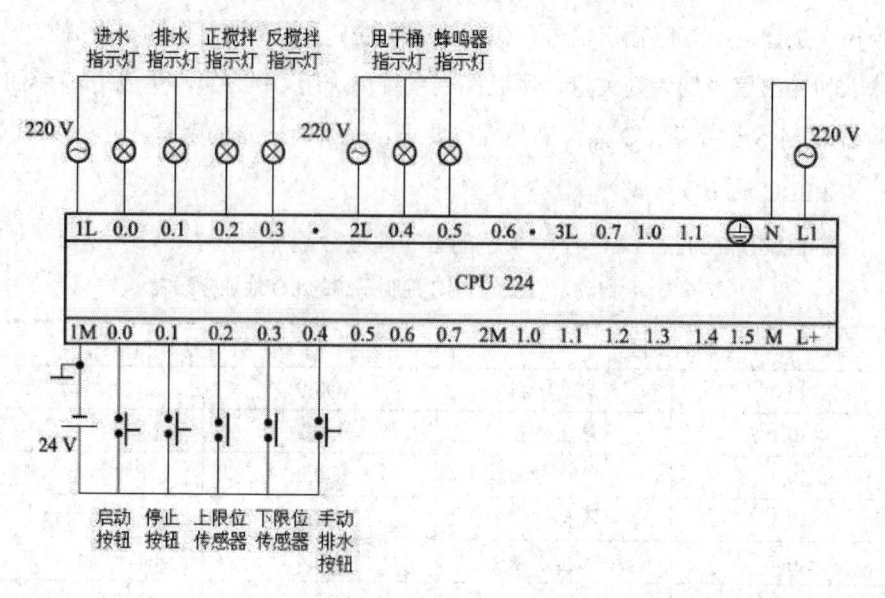

图 6-24 全自动洗衣机的 PLC 控制系统的外部接线

4.梯形图程序

梯形图程序说明：

网络 1：PLC 初始化，复位状态继电器 M0.0～M0.7，复位计数器 C0、C1，复位定时器 T37～T43，复位输出继电器 Q0.0～Q0.5，复位辅助继电器 M1.0、M1.1。

网络 2：当所有状态继电器失电时，自动进入初始状态 M0.0。

网络 3：按下启动按钮，进入下一状态 M0.1。

网络 4：当进水阀打开，进水指示灯亮，水位到达上限时，转入下一状态 M0.2。

网络 5：正转搅拌 5 s，暂停，停止 1 s，转入下一状态 M0.3。

网络 6：反转搅拌 5 s，暂停，停止 1 s，转入下一状态 M0.4。

网络 7：对搅拌次数进行计算。

网络 8：若搅拌次数未达到 2 次，则重新进入状态 M0.2，继续正、反转搅拌；若搅拌次数达到 2 次，则进入下一状态 M0.5。

网络 9：手动排水过程。若水位没有降至下限，则可以使用手动排水。

网络 10：自动排水过程。先排水 3 s，然后甩干桶启动，工作 2 s，之后继续排水，直至下限。当水位达到下限后，转入下一状态 M0.6。

网络 11：对洗衣次数进行计算。

网络 12：若洗衣次数未达到 3 次，则返回状态 M0.1；若达到 3 次，则转入下一状态 M0.7。

网络 13：蜂鸣器报警 5 s，到洗衣过程结束。

5.梯形图程序调试

在检查完后将程序下载到 PLC，运行调试，如有问题，则检查排除故障。

参 考 文 献

[1] 包宏栋.《电机与电气控制技术》课程教学中行动导向教学法的应用分析[J]. 课程教育研究, 2018 (8): 205.

[2] 陈光伟, 戴明宏. 大型养路机械电气控制技术[M]. 成都: 西南交通大学出版社, 2017.

[3] 董卫东. 信息技术在电机与电气控制技术教学中的应用[J]. 电子乐园, 2018 (5): 1.

[4] 杜贵明, 张森林. 电机与电气控制[M]. 武汉: 华中科技大学出版社, 2010.

[5] 冯静. 浅谈《电机与电气控制技术应用》课程的教学设计[J]. 计算机光盘软件与应用, 2014, 17 (18): 208-209.

[6] 高靖."理实一体化"教学模式在中职电机与电气控制技术课程中的应用[J]. 职业, 2018 (23): 82-84.

[7] 韩芝星. 杜威教育理论在"互联网+"项目式教学中的应用探究: 以"电机与电气控制技术"教学为例[J]. 山西经济管理干部学院学报, 2022, 30 (4): 93-96.

[8] 胡波, 罗展舒. 基于PLC的电气控制系统设计与实现[J]. 灯与照明, 2025, 49 (1): 170-173.

[9] 胡飞跃. 混合式教学在《电机与电气控制技术》教学中的应用[J]. 新一代 (理论版), 2019 (16): 32.

[10] 金续曾. 电机电气控制系统与线路图集 (上册)[M]. 北京: 中国水利水电出版社, 2015.

[11] 李磊. PLC在工业照明电器自动化控制中的应用研究[J]. 中国照明电器, 2025 (2): 138-140.